臉部
視覺美學
與彩妝造型

FACIAL
AESTHETIC
PHENOMENON

鍾馨鑫 Isabelle　著

巴黎時尚伸展臺造型名師教你運用繪畫原理,從點線面解讀各種臉孔與五官,
奠定紮實多變的彩妝造型技藝

目次

1990 年代，我追求時尚藝術來到法國羅亞爾河。在法國居住的第一個小鎮 Château d'Amboise，也是達文西的長眠之地。城堡裡珍藏他眾多發明與製作的手稿，包括《維特魯威人》（*Vitruvian Man*）黃金比例 1:1.618。羅浮宮《蒙娜麗莎的微笑》層層疊疊的油彩下，隱約也浮現這個黃金比例圖。

我在巴黎服裝工會學院（École de la Chambre Syndicale de la Couture Parisienne）學習製圖立裁，在法國美術學院（École Nationale Supérieure des Beaux-Arts）學習素描，帶給我另類的觀察訓練。在舞臺、秀場上，我開始接觸學習彩妝造型。

後來，我走入教學、參與各項展覽……無論投入哪個領域，美學對我而言，就像維特魯威人──基礎奠定創作的磐石，從而開拓無盡可能。

美學、藝術，是一種溝通交流的工具，用來表達對特定事物或概念的特定情緒，或心理反應。人類利用美學，和他人分享對於「美」的感覺，以及深度的情感與意識，是一個透過「感知」，將個人或群體的經驗沉澱之後，再展現出來的過程。

妝彩指的是在臉部本來的表情、五官之外，再給予外加的色彩以及線條、形狀。臉部彩妝可被視為面具，能夠改變一個人的個性，以完全不同的外表取而代之。如同小丑臉上悲傷或快樂的面具。

對於從事人物造型、化妝工作的專業人士而言，甚至只是必須打理自己臉上的妝容時，擁有特定技術是必要條件。然而，出神入化的技巧，必定來自於堅實的美學基礎概念。

除了視覺，人的其他感官如聽覺、觸覺、嗅覺、味覺等，都會由心理層面產生若干作用，而人的直覺判斷，也會受到環境空間、情境、時間，當下需求等各種因素影響。因此，審美是一個複雜的感知過程，任何一種姿態、眼神、態度，所有細膩的感覺，知性的感受，都可能是審美過程的一部分。

想一想，你為什麼會被某些人吸引，或是為什麼有些人不喜歡你，這類感覺，必須用心靈之眼去了解，去剖析，才能更進一步去超越。所有的感官、知覺，都是卓越造型藝術家得到啟發的來源，運用直覺、創造力和想像力，同時吸收與分享情感，最終達到藝術美學的境界。

概論

PART

CHAPTER 01 人類的視覺感知

臉部彩妝是所有視覺設計領域中，一個很特殊的項目。人的臉既不是平面，也不是靜止的物品，當造型師在創作的時候，被上妝者會移動、會有表情。因此，學習臉部彩妝除了「技巧」以外，敏銳的觀察能力，以及關於形體的美學基礎知識，都是很重要的一環。

在學習如何觀察形體以前，我們要先了解人如何「感知」。不同於「感覺」，「感知」是由對象的各樣屬性及其與外在環境的關聯性，所構成的整體感覺，加入心理認知的解釋之後，所得出的物體形象。

何謂感知

感知（sense-perception）就是「感覺」與「知覺」，是指外界刺激作用於感官時，腦對外界的整體看法和理解，並為我們的感官訊息進行組織和解釋的方法。在認知科學中，也可以把感知看成一組程序，包括接收訊息、理解訊息、篩選訊息、組織訊息。

「感覺」與「知覺」通常無法明確的分立，感覺是訊號的初步加工，知覺是訊號的深入加工。訊息的加工過程，可分為「感覺」、「組織」、「知覺與辨識」三個階段。而其中，知覺又包括了「空間知覺」、「時間知覺」和「運動知覺」。

實際上，感覺作用就是感官與中樞神經連結才發生的，如「看見一幅畫」，到「再細看」這幅畫時，便成了知覺；如果對這幅畫再加以文字敘述，並加入自己的主觀意見，則是加入了更多的心理活動。在所有類型的論述之中，這一連串的活動，就可以統稱為「感知」。

感知的特性

感知有幾個特性：整體性、恆常性、意義性、選擇性，以及知覺適應。

「整體性」是指我們對物體整體的認識，當

我們感知一樣物體，通常會先認識整體，接下來才會認識局部。「恆常性」儘管作用於我們感官的刺激在不斷的變化，我們所知覺到的物體卻保

持著相當程度的穩定性。「意義性」則為我們對事物的知覺，通常會和我們賦予它的意義聯繫在一起。「選擇性」是我們在觀察「雙歧圖」（或稱「雙知圖」、「雙向圖」）時，常常會在不同的兩個圖形知覺中來回轉換，這說明知覺過程中存在著競爭，接下來將於〈知覺與錯覺〉段落中進一步說明。最後，「知覺適應」是指在刺激輸入變化的情況下，我們仍然能夠調整知覺返回到原來的狀態。

知覺與錯覺

在心理學的領域中，對於「知覺」和「感覺」這兩個名詞較不作區分。而當討論到知覺時，通常也會同時討論「錯覺」。這是由於心理學往往透過研究一種機制失效的情況，來研究這種機制的規律。

模糊或雙穩態（即反轉）二維形式圖像
魯賓反轉圖形

魯賓的花瓶（Rubin's vase）

丹麥心理學家埃德加·約翰·魯賓（Edgar John Rubin）於 1915 年提出的博士論文中，詳細描述了視覺圖形與背景的關係，這是他的導師喬治·埃利亞斯·穆勒（Georg Elias Müller）實驗室中「視覺感知和記憶工作」的產物。魯賓的研究，主要可以概括為以下原理：「當兩個領域有一個共同的邊界，一個被視為圖形，另一個被視為背景時，在知覺的體驗中，將產生一種塑造效應，這種效應來自界域的共同邊界，且只在一個界域起作用，使其中一個界域比另一個更強大。」

在像「魯賓花瓶」這樣的視錯覺中，看到的是「人臉」還是「杯子」，取決於觀者注視的角度是圖形還是背景，或是在看整體還是局部——由於觀點的不同，將分別出現不同意義的畫面，即「雙重意象」（double Image）。

白色部分是杯子，若視線集中在黑色的負形上，看兩邊黑色部分則是相對的兩張臉，而白色則成為「底」或「空間」，黑白可以互相轉換，因為它們「互為圖底」，而這種現象，後來就被稱為「魯賓反轉圖形」。

鴨兔錯覺

鴨兔錯覺（rabbit- duck illusion）是一個可以看成是鴨或是兔的錯視圖形。最早是 1892 年 10 月 23 日在德國《Fliegende Blätter》雜誌中發表。作者是出生於波蘭的美國心理學家約瑟夫‧賈斯特羅（Joseph Jastrow），專長為視覺感知研究。賈斯特羅認為視力的原理比相機更複雜，圖像的心理處理，才是解釋世界的核心。他透過視錯覺圖像來說明這一點，認為人們的視覺感知，大多取決於他們的情緒狀態和周圍環境。

人如何感知形體？

人的眼睛要辨識出形體，基本上會從感知「邊緣」（edge）、「空間」、「關聯性」（relationship）、「光影」，最後再加上「完形」（gestalt）作用。因此這五種視覺感知，是我們觀察形體時的重要課題。

邊緣

「邊緣」是指兩件事物的會合處，而這條共同邊緣的線，就稱之為「輪廓線」（contour line）。輪廓線永遠是指兩件事物的邊界／界線，也就是共同使用的邊際／邊緣，如同「魯賓的花瓶」中，花瓶為臉孔共用的線。

美學創作中，下筆畫出的任何輪廓，往往都會被邊緣感知的不確定性所影響，而使觀者無法做出正確判斷，喪失原本要描繪的主體。因此，在創作時，視覺與輪廓知覺避免被不必要的外在干擾很重要，如此一來才能正確表達欲描繪的主體。

空間

「空間」在藝術、美術設計領域中，指的是「負空間」（negative space），是相對於「正形」（positive form）的區域。

如日本視覺設計教父福田繁雄（Shigeo Fukuda, 1932~2009）的作品，經常大膽利用透視、負空間以及平面元素之間的幾何相互作用，構建出具有深度和不規則的視覺平面，使觀眾迷失方向。

在臉部美學中，改變或塑造一個形態或樣貌（正形），或打造一個造型時，一定也要把周圍環境的空

間場景（負空間），也就是所有與創作元素共用的場域一併進行思考。例如在足球場上，球員的制服樣式會避免和球場相近的綠色，讓球迷容易觀賽。因為，空間與形體的邊緣是共用的，正形和空間本為一體，具有統一性（united），而統一性則是在整體造型中最重要的基礎與原則。無論線條、色彩與陰暗立體方面，有多出色美麗的表現，最終還是必須在視覺與結構上和諧與統一，才可達到真正的賞心悅目。

關聯性

在視覺美學中談及「關聯性」時，討論的重點會放在「透視」、「對稱」與「比例」。在視點（viewpoint）轉換及視空間物體的透視概念之下，人的形體同時具有在三度空間的「次對稱」，以及「非對稱」（對稱相反視）的特質。在造型學中，次對稱指的是雖不完全對稱，但視覺上大致對稱，且雖有小部分打破平衡，但整體的對稱感仍被保留下來，為一種「次於完全對稱」之對稱性。

人臉部的五官，就是次對稱的最明顯例子。在操作臉部彩妝時，設計師可以根據目測角度、視點的不同，運用「直覺透視」（非正式透視）和比例原則，針對次對稱進行修飾，效果可期擴大到整個形體上的改變。

在進行透視觀察時，需要注意「視覺恆常性」（visualcanstancy）。這個現象是由於大腦會改變視入的視覺訊號，為了去配合預期的觀念。因此，我們在創作的過程中，必須利用一些方法來校正感知。

視覺恆常性有很多種形態，以化妝而言，最常見的是表現在尺寸比例和形狀上，當視覺恆常發生時，我們會將類似物體形狀、尺寸，都當作是一樣的——無論距離我們遠或近。為了不要受到干擾，我們可以藉由筆桿當平衡測量工具，打破視覺恆常性，去除影響我們判斷真實尺寸、比例的效應，而做出正確的形狀與透視比例。

光影

當我們觀察投在物體上的光影，或說是「明暗」（shading）時，可依循以下四個面向的「光線邏輯」（light logic）：一，高光（high light），也就是物體上最明亮的區域，是光源直接照射到的地方；二，投射陰影（cast shadow），這是最深暗的影子，由物體阻擋光源的光線而形成；三，反射光（reflected light），少量光線投射在物體周圍的表面，再反射到物體上的微光；

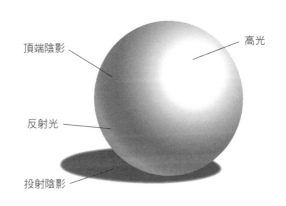

頂端陰影

高光

反射光

投射陰影

四，頂端陰影（crest shadow），物體頂端的陰影，與反射光線同屬比較容易忽略的光影，卻是可在平面上製造立體幻象的關鍵元素。

人是活在空間裡的動態生物，在次元空間裡面具有「動勢」（movement）表現。而在視覺藝術領域的表現上，動態的幻覺可以利用光源、物體的置換錯位來製造。只要改變視覺上的深度或立體感，就能同時影響點、線、面、邊緣，以及空間和形體等，甚至是顏色和明暗度。

完形

在完形心理學（或稱格式塔心理學）中，同樣會用魯賓反轉圖形來說明。完形心理學認為，人們感知客觀對象時，並非全盤接受其刺激所得的印象，而總是有選擇地感知其中一部分。

將空間轉換為平面

要成功地將人的臉部進行造型設計，首先必須把人臉從空間裡轉化到平面上，再於平面的臉上重新以點、線、面、色彩及光影等元素，打造出新的（理想的）空間感，接著，再回到真實的空間中進行微調。

為了做到這件事，我們需要借重「鏡子」。鏡子在臉部美學設計中，是不可或缺的工具，除了能將立體的臉，於鏡面上轉化為平面影像，鏡框也能提供如畫框一般的「邊緣」，形成取景的效果。在鏡框內，我們不再只是觀察一張臉的輪廓，也會將周圍的環境一併納入眼中。

雙目視覺，也被稱作「深度知覺」，而這種知覺在二維及三維之中會有落差。觀看攝影作品、投射在銀幕上的影片，皆能藉此體驗三或四維空間，表現在二維平面上時，是如何呈現出立體、動態的影像。

小結

在理解人的視覺系統如何感知形體與空間之後，我們才有辦法接著探討「製造幻覺」的技巧，利用點、線、面，色彩與光影，在一張臉上塑造出心目中的理想造型。

影響美的近代重大事件

根據文獻，人們運用彩妝品來妝點臉部，已有約七千年的歷史。臉部彩妝是人類文化中最古老的儀式之一，也是最初的美學動機。除了對美的觀點會隨著時間變化，科學發展、社會變遷、經濟因素及階級制度等文化演變，使得不同地域、種族一代一代追求不同的理想面貌，構成一部燦爛輝煌的美學史。

海權時代的地理大發現，絲路貿易縮短了陸路距離，開啟種族文化、膚色的時空與思維交融。工業革命把世界的強權以各種經濟目的，殖民、殖民地大量生產製造物品，打破國界洲界，促進人口資金的流通，深深影響了「美」的觀點與化妝品產業。

法王路易十四（公元 1643~1715 在位）將藝術用來彰顯君王的榮耀，當作一種展現權力的工具。他興建凡爾賽宮，把貴族集中起來，達到控制政權的目的。頻繁的舞宴、劇場，滋養了歐洲社交禮儀和時代風尚，使路易十四被稱為「太陽王」，成功將時尚產業轉化為富強經濟，樹立了「君權神授」地位。直至今日，「藝術、文化、時尚」幾乎可說是法國的代名詞，就是拜這位偉大君王所賜。

影視產業發展，也是影響「美」的另一個重大事件。人類從看見水中若隱若現的倒影，到鏡子的發明，「自我樣貌」逐漸清晰。對於「我」的形象追求，從肖像畫、攝影、電影到如今人人用手機自拍，都是對於「自我影像」的不同傳達手法。

1827 年	從事印刷工作的涅普斯（Nicephore Niepce）與蓋達爾（Louis-Jacques-Mandé Daguerre）利用塗了感光化學乳劑的錫板放進暗箱，拍攝出最早的照片。
1828 年	法國調香師嬌蘭先生（Pierre-François Pascal Guerlain），在巴黎創立 Guerlain 香水，為歷史最悠久的品牌之一。
1836 年	Guerlain 開創了管狀口紅「rouges à lèvres appelé Automatisme」也就是「自動脣膏」。至今仍是口紅包裝的主流，攜帶方便，可以隨時隨地擦口紅，迅速擴大並提升了化妝普及化。
1837 年	涅普斯與蓋達爾共同開發世界上第一個使用銀板攝影技術，記錄下清晰的照片。

1840 年	擁有醫學背景的嬌蘭先生開發了護膚產品，創造了具有保護和軟化特性的面霜「Serkis des Sultanes」。
	奧地利女王 Sissi 使用的 Guerlain 旗艦產品「Crème de Fraise」，在乳液、護唇膏裡結合香氛，並將保養化妝品放入合乎醫藥衛生的罐裝。
1853 年	嬌蘭先生為法國皇帝拿破崙三世的西班牙裔皇后 Eugénie 調配帝國古龍水「Eau de Cologne Impériale」，以舒緩她的偏頭痛，是香氛界首款專有訂製的香氛，並為嬌蘭先生贏得了「御用調香師」之名。
	蜜蜂首度飛臨於 Guerlain 標誌性蜜蜂瓶上，蜜蜂象徵自然界的煉金法師，其後近一百七十年，蜜蜂依然不斷啟發 Guerlain 的創作，裝飾最珍貴稀有的瓶子，催生一系列工藝傑作和藝術家，如水晶名家巴卡拉（Baccarat）、塗鴉藝術家 JonOne、玻璃製造商 Pochet & du Courval 到珠寶設計師 Lorenz Baümer。
1872 年	資生堂（Shiseido）成立於日本東京銀座，其名出於中國易經「至哉坤元，萬物資生，乃順天成」。
1888 年	美國人愛迪生（Thomas Edison）在新澤西實驗室裡與發明家迪克森（William Kennedy Laurie Dickson），在愛迪生的公司研製出攝影機和活動電影放映機。影像工業啟動了劃時代發展，銀幕中的演員被戀慕、欣賞、崇拜，擴大了化妝藝術美學相關產業與商品行銷。
1894 年	法國盧米埃（Lumière）兄弟把攝影機和投影機合而為一的想法，正式開啟電影工業的帷幕。希臘文稱「Cinémato graphe」意為光線和動作進行的畫作。
1895 年	巴黎 Grand Café 第一次公開放映投射到銀幕上的電影短片。
1897 年	資生堂開始彩妝品事業，打開了東、西方彩妝美學融合的大門。
1904 年	蜜斯佛陀先生（Maksymilian Faktorowicz, Max Factor）遷移至美國好萊塢，並開設了一家化妝品沙龍。展開了他非凡的化妝造型創作，被譽為「好萊塢彩妝沙皇」。
1909 年	Max Factor 化妝品牌正式成立。至今秉承「無需天生之美，魅力由你創造」的宗旨。
1910 年	香奈兒女士（Coco Chanel）在巴黎康朋街（Rue Cambon）開設第一家服裝店「Chanel Modes」。

1918 年	香奈兒女士設計出年輕、簡便的學生感裝扮風格,將女人從馬甲中解放出來,在一戰後大獲成功,成為法國女性所追求的新時尚,帶來輕快的自由潮流。
1927 年	為了讓每個女人都能擁有 Chanel,品牌開始推出彩妝品。「le Rouge Baiser」口紅標榜不沾染、不掉色,可以自由大膽地與喜歡的人擁抱親吻。根據數據顯示,社會在經歷經濟蕭條或動盪之後,口紅的銷量總是成長,低靡的年代裡,女人更希望保有好氣色。
1928 年	蜜斯佛陀先生首度開發出專為黑白電影所運用的彩妝品。藉由大銀幕推銷商品,Max Factor 彩妝品成為每個女人手中可以改變自己,釋放個性魅力的寶貝。
1946 年	迪奧先生(Christian Dior)正式於巴黎成立 Dior 品牌。被當時美國時尚雜誌 *Harper's Bazaar* 主編命名為「New Look」(新風貌),嶄新且具革命性,影響了 1950 年代戰後女性裝扮。
1950 年	瑪麗蓮‧夢露的金髮紅唇,臉上的銷魂痣;伊莉莎白‧泰勒動人迷惑的雙眸,氣質出眾優雅的奧黛麗‧赫本⋯⋯眾多好萊塢巨星在蜜斯佛陀先生的鬼斧神工之下化為女神,所有女演員都希望成為「Max Factor Girl」。
1960 年	Dior 創意總監伊夫‧聖羅蘭(Yves Saint Laurent)入伍從軍,當時的倫敦線設計師 Marc Bohan 因而取代了他的位置。
1961 年	Marc Bohan 以 Dior 創意總監的身分發表秋冬高級訂製服系列「Slim Look」。 時尚視覺藝術師盧丹詩(Serge Lutens)前往巴黎,開啟與 *Vogue*、*jardin des mondes*、*Elle*、*Harper's Bazaar* 等時尚雜誌的工作。
1976 年	盧丹詩拿下法國坎城影展廣告導演金獅獎,將時尚帶入視覺藝術領域。
1977 年	Marc Bohan 將 Dior 彩妝整體創意交給了盧丹詩,他為 Dior 開發了一系列大膽多元文化新色彩,一鳴驚人。
1980 年	資生堂聘用盧丹詩擔任品牌形象市場策劃總監;盧丹詩把獨特的美學思維,注入融合東方日本藝術色彩,同時將日本品牌推向國際。彩妝美學和視覺藝術、橫越東西方文化交融一氣,像彩妝的美學絲路,成為美的共同語言。

形

PART

點 POINT

「點」為構成一切造型最基礎的元素。在幾何學上,點的定義是「無面積」或是「只具有其位置,而無其面積」。在構成造型時,點不具有方向性,但能在空間中有位置。點能夠帶來的聯想,包括「消極」和「積極」兩個面向;消極的如「沉默」、「休息」、「寧靜」、「無力」、「零」,積極的則如「一觸即發」、「爆發」、「生命起源」、「時間的原點」等。

在造型藝術中,可把「點」視為一種符號。符號可以擴張,衍生成為象徵(symbol),並產生內涵,此時,點就會從沉默的狀態,開始能夠說話,傳達它在造型中的聲音。將點擴張為象徵的方法有四種:群集、擴散、放大、反覆;由於它佔有位置,因此可以透過定點、面積、

體積、密度、結構、方向、數量等變化,來擴展它的地位。活躍於二十世紀初期的表現主義畫家康丁斯基(Wassily Kandinsky)曾說:「隨著擴大點的本身,或是擴大它四周的空間,點的聲音會愈來愈清晰有力。」

當「點」出現在物品、形體上時,會成為視覺的焦點。假設在一個大型的場景中,有特別突出的一點,就能強調某種占有權,或是代表它支配了某個範圍;例如舞臺上,出現一名演員,該演員就是舞臺上的焦點,如果他移動,那麼焦點也會跟著移動。再擴大來說,當環境中出現一件公共藝術作品,那件作品所扮演的地位也能視為「點」,它將特殊的造型生命注入環境,於所在之處,打造出一個焦點。

點的形態

點的特性

「點」在造型上,為了使我們能看見,自然具有面積。因此,「點的面積」之大小,也在我們的討論範圍內。例如直徑1mm的圓形,與直徑10mm的圓形,同樣都具有「點」的性質,然而相較於直徑1mm的圓形,直徑10mm的圓形也具有「面」的性質。也就是說,形狀相同,但面積不同的兩個元素,小面積相對於大面積,更具

有「點」的特性。在造型中,並沒有定義「點」的面積大小和形狀,甚至與「線」和「面」也沒有具體的區分標準,而是以其與鄰近的其他造型元素之相對關係,來判斷該元素是否具有「點」的特性。以下將說明「點與點」、「點與線」以及「點與面」所能產生的視覺效果。

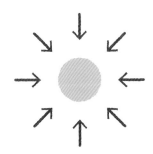

 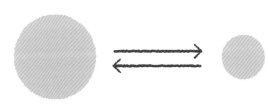

單一點

　　當畫面中有一個目標明顯的「點」時，人的視線會集中在上面，進而造成一種有緊張性質的「求心力」。

兩點以上，大小不等

　　當畫面中有一個以上，且大小不同的「點」時，人的視線會先被大的點所吸引，然後才會轉移到小的點上。在空間中，除非有特殊的情況，人的視線順序一般而言會是「從大到小」、「從遠到近」。

點與線

　　當畫面中有兩個強度相等的點，人的視線就會來回往返於這兩點之間，造成「線」的視覺感受。

 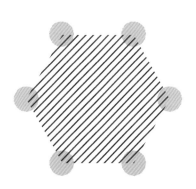

點與面

　　當畫面中有三個以上強度相等的點，就能製造出「面」的視覺感受。點的數目愈多、點與點之間的距離愈短，「面」的性質就愈明顯。

點的視錯覺

點的視錯覺，莫過於來自面積上的差異，同樣的點，會由於周圍環境的差異，產生大小不同的錯覺。以下將說明「點的面積」以及「點的距離」所能產生的視錯覺效果。

01

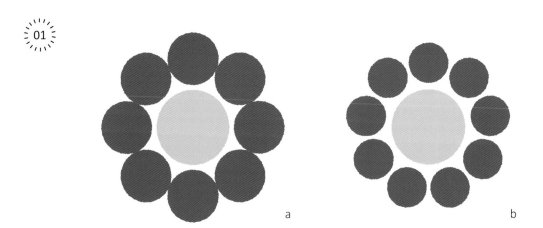

a   b

面積的錯覺

德國心理學家耶賓浩斯（Hermann Ebbinghaus）的錯覺圖中，a 圖與 b 圖位置中央的圓形，尺寸是一樣的。但受到外圍圓形大小不同的影響，讓人產生「b 大於 a」的錯誤視覺判斷。

02

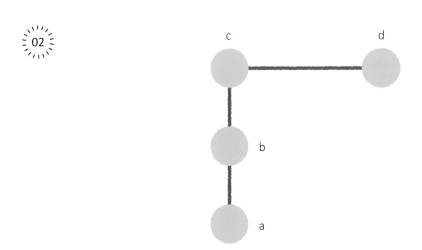

距離的錯覺

如圖，ac 及 cd 兩線段的實際長度相等。b 點位於 ac 線段的中央，視覺上，b 點會把 a 點和 c 點向自身拉近，最終導致目測時，ac 線段看起來比 cd 線段來得短。

點的運用

　　動人雙眼、誘人朱脣或櫻桃小嘴，經常被認為是「美、俊」的臉部特徵。視覺上，眼與脣在臉部具有「點」的性質，能成為臉部的焦點。因此，獨特或大的雙眼，以及美脣，最能強化視覺焦點，引發注意；動漫、繪畫中的人物，在造型上往往會強調眼部的特質、大小、情感等表達，再來會加強脣的造型，這些都能營造觀賞者的強烈印象，提升人物的特色與象徵性。

點於臉上的求心力

　　由於眼和脣在臉上具有「點」的特性，因此也是臉部最具「求心力」的視覺焦點，能引導視覺聚集。在〈點的特性〉中有提到，視線會從較大的點移動到較小的點，而當有兩個大小相同的點時，聚焦的力道則會被平均分散，因此比只有單一點時來得弱。

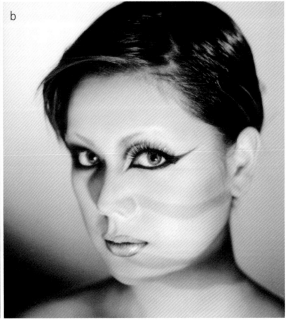

　　請觀察 a、b 兩圖，在觀看圖 b 時，視線會集中於充滿目光張力的眼睛，那是畫面中描繪得最清楚的部位；而在圖 a 中，眼睛和嘴脣的表現很相近，因此視覺被分散了，我們不再只特別注意眼或脣。

　　因此，在設計臉部造型時，我們會先觀察模特兒的特色，並強調她／他最有吸引力的部位，例如眼或脣，來吸引更多的注目；若運用錯誤，則會得到反效果，讓臉部的缺點突顯。

點於臉上的空間感

造型師或是人物繪師在設計角色時，除了會將臉部的特徵之美表現出來，也會利用視線從「大移動到小」、「遠移動到近」的原理，營造臉部的空間感，讓臉部看起來更立體。

點的位置

在美學造型中，「點」是一切的開始，無數的點能構成「線」，線可以構成「面」。人的臉部存在著許多點與點之間的關係，例如「眼與眼」、「眼與脣」⋯⋯所有視覺元素的起始點都緊密牽動著。若將唐朝仕女臉上的點狀黛眉去除，或是移位，就能讓她的臉部產生重大變化：不僅表情改變了，臉形也看起來不一樣。

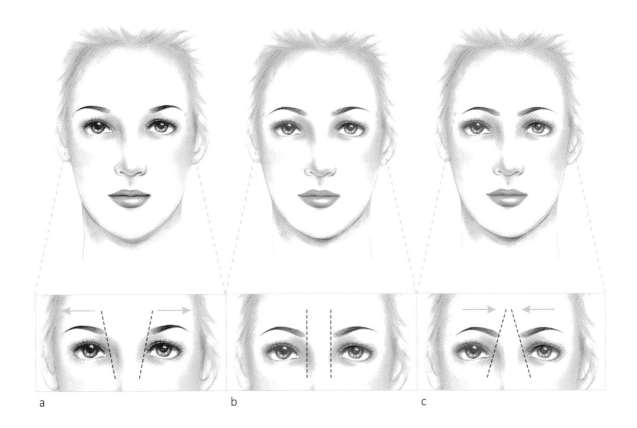

a   b   c

點的距離

　　在臉部，眼、眉、鼻子等的距離互相影響著。理論上，點與點之間距離愈大，可以營造出愈大的空間感；反之亦然。圖 a 的眉頭之間距離大，臉部的立體感降低（較扁平），臉形也有變寬的感覺；而圖 c 的眉頭距離近，臉部的中心點集中，視覺上便較圖 a 立體。

　　我們將臉部左、右的眉頭和眼頭分別用線連接，可以觀察到：a 圖的兩條線向上呈 V 字型敞開，使額的面積變大，c 圖則剛好相反，兩條線呈現「八」字，額頭感覺變小了。在視覺美學層面，有許多「無形的線」引導著目光。畫面中力道相等的兩點之間，會出現視覺拉力，讓視線在兩點之間反覆移動，形成「線」的感受。

CHAPTER 03 線 LINE

「線」比「點」更能表現自然界特徵,人們能夠用線描繪出「面」,甚至「體」,因此是造型元素中的重要角色。古羅馬時期,「規線」是不可或缺的測量規矩,無論是在繪畫、雕塑或是建築上,都要符合羅馬人的測量標準和尺度、比例。功能主義建築師柯比意(Le Corbusier)認為,「規線」是「一種完美的精神秩序」,能改良工程與促進和諧性的研究,並賦予造型作品中的協調、均衡等特質,具數學思維,能達成秩序感……規線將限定作品中的幾何形體,因而決定了作品的根本感受。

點的運動軌跡形成線,線的移動成為面,面的移動則成為「體」(solid)。在幾何學的定義中,「線」是「具有位置以及長度,不具寬度、厚度,以長度來計算其單位」;在數學上,

「線」被視為是沒有「量」的,而在「形」的討論裡,則又另當別論了。藉由外力使點的移動方向不變,即能產生直線軌跡;若外力使點的移動轉向,則會形成「曲線」或「折線」軌跡。康丁斯基對「外力」的解釋是:「一種運動力,也就是一種張力。」張力是運動的一種,是元素的內在力量,而線的方向性,是由運動的現象而確定。因此,線的表現形式有「張力」與「方向」。

不同形式的線,能傳達不同的情感、聲音以及力道與美感。「直線」讓人聯想到「理性」、「陽剛」,而「曲線」則有「流動」、「陰柔」的印象。折線的轉角能傳達銳利的感受,延伸的直線則有自由、平坦的感覺。了解「線」的特性與視覺心理感受,有助於打造創作的內涵。

線的形態

線的種類

線的形狀,也就是「線形」,可分為「直線」與「曲線」;其中,曲線又可分為「開放曲線」和「封閉曲線」。在幾何學中,線可分類成:1、

幾何直線;2、幾何曲線;3、自由曲線,以及4、徒手曲線。下頁圖表可見線在造型中的常用形式:

線的種類	線的形式	造型中常用的視覺元素
直線	不相交的線	平行線
	相交的線	折線、集中的線等
	交叉線	斜線交叉格子、直線交叉格子等
曲線	開放曲線	漩渦線、弧線、雙曲線、拋物線等
	封閉曲線	心形、圓、橢圓等

直線與折線

　　直線因其具方向性的張力，能夠無限延伸、永無止境，除非以其他元素阻斷直線的延伸，或是改變它的運動方向。在造型上，直線給人簡單明快之感，平直的線有規律、穩定和紮實的感覺；若是折線，則有變化多端、不安的感覺——同樣是直線，卻可以營造截然不同的情緒。

幾何曲線與自由曲線

　　曲線在幾何學中分為「幾何曲線」和「自由曲線」。「自由曲線」指的是圓規無法表現出來的曲線，其曲線的特性更為明顯，能表現出自由、優雅的陰柔特質。自由曲線的動感及活力，使其很容易被運用在造型藝術中，以產生豐富變化的創作表現。而「幾何曲線」則較具有和直線一樣單純、明快的特性。同樣是曲線，「幾何曲線」和「自由曲線」各有特色。

線的表現形式

在造型上，線是以「力與方向感」為主要表現形式，是一維空間的元素。和「點」一樣，為了被看見，會賦予面積，也就是線的粗細、寬度，因而成為二維元素。線和點具有一樣的造型特質，並有豐富的變化性。依照康丁斯基「外力使點成為線」的定義，線形可以分為兩種，第一種是「受一個外力推動」，第二種是「受兩個外力推動」；而受到兩個外力推動的形式，又可以分為「一次或多次輪替作用」以及「兩個外力同時作用」。「線」能夠充滿動感及生命力，能展現柔軟的情懷，或是勾勒出形的邊緣、界定出「面」。線可以用來局限範圍，也可以無盡延伸，能展現理性和感性的對立。

BOX

線形在書法藝術中的表現最為具體，運用線條的粗、細、濃、淡，寫出「行、草、隸、篆」等不同字型，加上墨色變化，傳達出文化內涵與性格。

1890~1950 年新藝術運動（Art Nouveau）是西方造型藝術表現最多的一段時期。新藝術運動受到英國美術工藝運動（Arts & Crafts Movement）的影響，強調裝飾主義，尤其重視線條的運動。新藝術以自然主義的造型如花、草等為創作基礎，代表性的藝術家如慕夏（Alfons Maria Mucha）；除了繪畫，當時的建築、飾品、家具、室內設計等也隨處可見強烈的線條裝飾。

1.

2.

3.

4.

5.

6.

線的情緒

　　長度是線的必要條件，但是在造型上，線的寬度才是影響表現力的關鍵，在此解釋左圖中六種不同形態的線條對情緒與空間的影響。1. 粗線，具有「面」的特質，展現強而有力的陽剛感，較缺乏線形的敏銳。2. 細線，給人敏銳、快速與細緻的感受，缺乏「面」的厚實特性。3. 由粗到細漸變的線條，能傳達速度與消逝的感覺。4. 兩端細、中間粗的線，有持續延伸之感。5. 兩端粗、中間細的線，具有段落停止的感受。6. 變動的線條、混合式的線條，能結合多種情緒變化。

線的遠近

　　線條除了具有情緒，也能表達出遠近、方向感。右圖中的範例 a，結合粗細、長短不同的線，可以製造出空間感。範例 b，當同樣長度、但粗細不同的線放在一起，細的線條會給人遙遠的感覺。範例 c，單一線條上的粗細變化，就足以製造出距離和空間感，粗的部分會讓人感覺近，細的部分則比較遠。

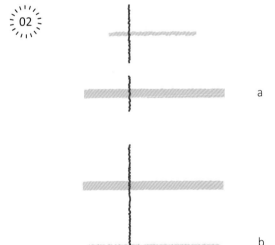

a

b

c

線的空間感

綜合運用線的「粗細」、「間隔」、「濃淡」三個要素，可以在無論凸或凹的面上，創作出空間感。例如在曲線中加入粗細、間隔和濃淡變化，便能展現立體感和具空間感的張力。當曲線並列，可以在視覺上製造曲面，搭配元素的移動，更能依需要創造出凹、凸等效果。

粗細

在平面上排列粗細不同的線，產生有遠有近的空間感，粗線有力、細線銳利，畫面中的粗線感覺前進，而細線則感覺後退。

間隔

將多個條件完全相同的線條，以不同的間距擺放，亦能表現出遠近不同的空間視覺。運用線條從事系統化的構成時，利用線與線之間不同的間隔，可以表現出強烈的空間感。

濃淡

請觀察這些外型相同、明度不同的線條，深色（明度較低）的線條看起來會比淺色（明度較高）的線條來得靠近觀看者。

線的視錯覺

方向的錯覺

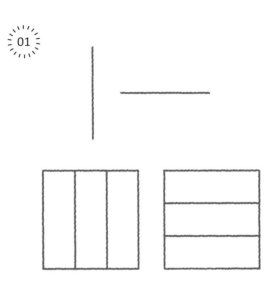

　　人類觀看圖形的過程，是一種刺激及反應，牽涉到心理層面。根據「形式心理學」的研究，一條單純的直線，被人眼觀看時，直線的中心和端點在視覺的接收上，會有度量上的差異。相同長度的直線，比起水平放置，垂直放置看起來好像更長，這是因為我們的眼睛是水平的，所以對水平的圖像，較能正確地判斷，對於垂直的圖像，則比較不敏銳，觀看時視覺神經、眼球肌肉相對緊張，因為會把垂直線看得比較長。

角度的錯覺

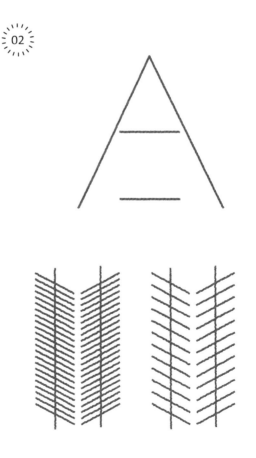

　　線條往一點集中時，會造成透視的視覺效果，這時，愈靠近集中點的線條或形狀，就會看起來愈大。如下圖，相同的兩個圓，靠近夾角的看起來比較大；而右圖中，等長的兩個線段，靠近夾角的那條卻看起來比較長。

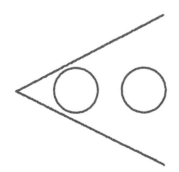

　　若在一條直線上，畫上與之交叉的斜線，視覺受到斜線的干擾，會將垂直的線條看成傾斜的。斜線愈多，影響力愈強，傾斜的錯覺就愈明顯。

曲線的錯覺

下圖兩組正方格，用不同方向的曲線製造干擾，方格的直線看起來就朝不同方向變形彎曲。

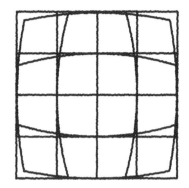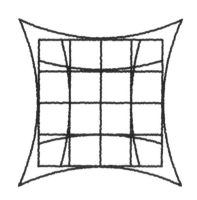

對比的錯覺

我們看觀看的時候，會把環境裡的所有元素同時做比較，也因此容易造成視覺上的誤判。元素之間的對比愈大，誤判的程度也會愈大。以下圖左為例，兩組線段中間的空隙是一樣寬的，但在不同線條長度的差異下，間隙似乎也不同。下圖右中的兩條細線長度相等，但被夾在粗細長短不同的兩組線條之間，看起來好像不一樣長。

形狀的錯覺

　　圖案本身的量感也會直接影響眼睛對線條長度的判斷。下圖中，三角形、正方形和五邊形的邊長都是一樣的，但因為形狀的關係，視覺上會認為五邊形的邊是最長的，其次是正方形，最短的是三角形。

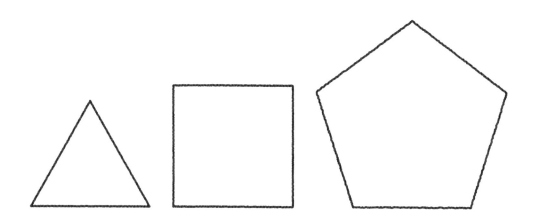

下圖的平行四邊形中，線段 ab 和線段 bc 的長度一樣，但受到形狀的影響，ab 看起來比較長。

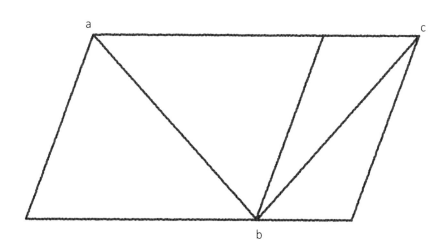

線的運用

在自然界中，凡有形物體，皆可以用「線」描繪出來。由此可知，人體的各部位也都可以用線條來表現出特徵。在臉部造型中，從輪廓、眉、眼、鼻、脣、睫毛，都可以用線條展現，並藉此塑造臉形。美感是共通的語言，臉部造型就和其他領域的設計如建築、工業，甚至平面設計一樣，講求的是協調、勻稱、比例等。線條在臉部造型中扮演重要角色，正因為「線」有多重風貌，能帶來千變萬化的視覺感受，運用時，若沒有注重協調性，就會破壞美感。

構成臉部的「線」，主要有 14 條，由上而下分別為：髮線、眉拱、眉頭、眉毛、眼皮、顴骨、鼻梁、鼻根、鼻孔、鼻脣溝、人中、顎、脣、下巴。其中，為臉部做造型時，最重要的線條分別為「眉線」、「眼線」、「脣線」，這三者是改變臉形的關鍵。

線在臉上的空間感

線具有「集中」、「延展」、「方向」這幾個主要特性，在線元素上運用顏色的深淺，還能製造出遠或近的空間感。比較圖 a 和圖 b，一模一樣的眉型，圖 b 的眉色較深，看起來就比圖 a 更前進。在圖 c 和 d 中，則可以比較出來，眉型粗細所營造出來的空間差異，較粗的眉毛（d 和 d-1）看起來較前進。由此可知，利用線條的濃、淡、粗、細，就能控制線條在臉上的空間感。

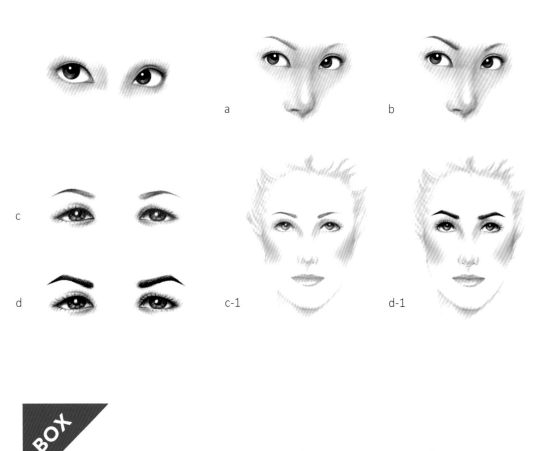

a

b

c

c-1

d

d-1

臉譜中的眉型，
常給人一種「平扁」
且「寬」的視覺感受。

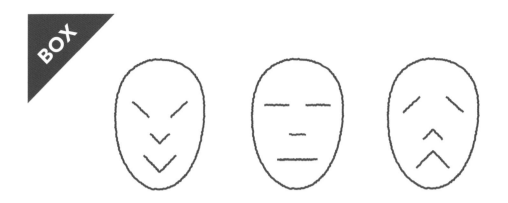

　　在戲劇表演中的人物造型，常會運用線條的方向、粗細、濃淡、曲直、弧角來塑造喜、怒、哀、樂、善、惡、兇、柔等角色特質。如圖，上揚的線條大多數的時候能表達歡樂，而向下的線條能表達哀傷。線條擁有表達人類情緒的特質。

眉與眼的線條運用

　　「眉目傳情」一詞，說明了眉毛與眼神可表達出內心的情感，戲曲中的人物造型，最常運用眉型來表示人物性格：平直的線條代表平和冷靜，下垂的眉型看起來悲情浪漫，上揚的眉毛給人有精神的感覺。再加入彎曲、粗細、濃淡等，就能帶來千百萬化的表情。將「線」的觀念帶入眉，就不難看出眉型將如何架構出臉部的視覺印象。

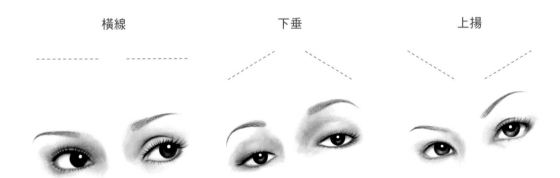

横線　　　　　　下垂　　　　　　上揚

眉型

　　眉型可直接用造型學中的「線」來看待,也就是可在眉毛造型上套用「粗細」、「濃淡」、「間隔」、「方向」、「曲折」等特性。

- **弧形、角度**:比較圖 1、圖 2、圖 3 的眉型,弧度和緩的圖 1 看起來最為溫和,圖 2 的眉型向上挑,臉形也隨之拉長,而圖 3 的眉型轉角向外,圖 1 相比較為理智。
- **粗細**:比較 A 組、B 組、C 組的眉型,C 組較粗的眉型看起來較沉重,而 A 組看起來就比較開朗。
- **方向**:比較 B 組、D 組的眉型,B 組的眉毛方向從平直到下垂,表情愈來愈凝重,而 D 組上揚的眉型,則表現出喜悅、開朗,且有往上的延伸和擴大之感。
- **距離**:比較 A 組、B 組、C 組的眉型,A 組和 B 組的眉毛比較分開,因此臉形會看起來比較扁平;而 C 組的眉頭比較集中,眼睛比較聚焦,眼部有深邃之感。

A　1.　2.　3.

B　4.　5.　6.

C　7.　8.

D　9.　10.

眼線

　　每一個人的眼睛天生具有不同的線條，且隨著年紀增長，眼睛線條的位置會降低，於視覺上產生變化。在臉部造型中，可以把「眼頭」和「眼尾」視作「點」，藉由「眼頭和眼頭之間」、「眼頭到眼尾」的定位引導，眼睛會呈現出高度、角度不同的線條，那就是眼線。眼線能改變眼睛的形態，是臉部造型中的重要元素。

　　眼線由「上眼線」和「下眼線」構成，上、下眼線的弧度和封閉與否，能夠影響眼睛的形狀。圖 a 和圖 b 的差異是下眼線的收尾角度，圖 c 和圖 d 分別讓眼尾的上、下眼線開放；以及眼尾和眼頭的上、下眼線皆開放，營造眼白放大、並無限延伸的視覺效果，舞臺妝經常利用這種效果。圖 e 則將上、下眼線的弧度加大，使眼珠看起來變大。圖 c、d、e 都有放大眼睛的效果。

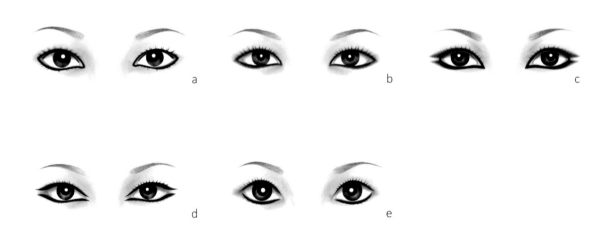

眉線、眼線，加上眉、眼之間的眼凸
線，運用這些線條的相互作用、重複性或
張力，能創造出各種戲劇化的人物造型。

唇的線條運用

　　唇是臉部肌肉運動量最大的地方，和眉、眼一樣風情萬種，利用不同方向、角度的唇部線條，搭配眉、眼線條，可改變臉部的情緒表達與相貌。

　　唇部也要分上、下唇來分析，上唇會影響臉的上半部，而下唇會影響下顎的形狀。圖 f 的上唇唇峰平寬，模特兒臉的上半部也變得平寬，圖 c、d 的上唇的唇峰則比較集中，臉部的中心線也會比較集中。下唇的部分，圖 a、b、e、f 的下唇屬於平直的圓弧線條，模特兒的下顎也因此較平而圓。圖 c、d、g 的下唇集中，臉形因此拉長；但圖 d 的下唇因為過於集中，與下顎的面積形成對比，使得視覺上有下巴面積大且圓潤的感受。

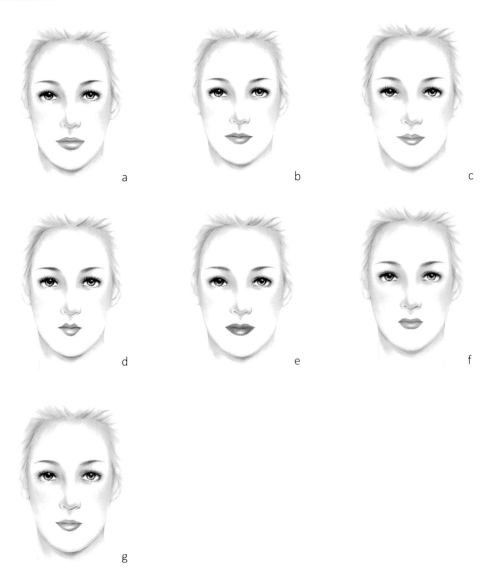

a　　　　　　　　　　b　　　　　　　　　　c

d　　　　　　　　　　e　　　　　　　　　　f

g

面 SHAPE

「面」元素在空間中從一維發展成為二維，由「位置」和「方向」所定義出來，最大的特徵是「範圍」。「面」是「線」的延伸，由直線或曲線構成；也可以是「點」的群集現象，在形的構成之中，「面」比「點」和「線」具有更豐富的情感、生命力與量感。「面」原則上不具有厚度，是以範圍延伸的輪廓，如果加上厚度則會成為「體」。

當具有運動性質的「線」構成「面」時，「面」本身不具有運動的現象，卻有內斂的張力，並由此形成量感。面的量感包括「重量」、「密度」，以及「大小」，在使用面元素時，可以從這三個特性去分析。

均衡的張力會產生「直面」，不均衡的張力則產生「曲面」。直面是靜止的，曲面是有節奏的，雖然同樣為形，卻有不同特性。康丁斯基認為面有多重性格及隱喻，包括：冷、暖、寧靜、客觀、束縛、放鬆、密集、沉重、輕盈、鬆弛、解放、自由等。加上面的量感特性，也有辦法展現出「溫度」、「情感」、「情緒」等。

歐普藝術（Optical Art）中，利用「面」的特性製造出各式各樣的錯視遊戲；在建築中，「面」被運用在二維和三維空間，構成有體積的造型──這些都是最能展示「面」元素特徵的實例。

面的形態

面的種類

面可分為「直面」與「曲面」；各自又有「幾何形」和「自由形」之分。直面較理性，具有穩定、自信、簡潔、確實、井然有序之感；例如正方形、三角形、多邊形、菱形等。曲面多有性感的成分；幾何曲面有明瞭、自由、樸實、規則的特性，自由曲面則可以表現出打亂的理性，具有多樣化的心理情緒，大膽、活潑、情感豐富。在造型藝術的觀念裡，利用改變面的張力，可以很具體地表現作品的內容和精神。下頁圖表可見面在造型中的常用形式：

面的種類	面的形式	造型中常用的視覺元素
直面	幾何直面	正方形、三角形、梯形、矩形等
	自由直面	星形、多邊形等
曲面	幾何曲面	圓形、橢圓形等
	自由曲面	心形、蛋形等

面的表現形式

「面」的表現可以反映在「形狀」、「密度」、「質感」、「結構」、四個主要的形式上，每一種形式的輕、重、快、慢、疏、密等不同，會使「面」產生很大的差異和截然不同的寓意。

形狀

「面」的形狀，大致上可分為「幾何學形」、「有機形」、「偶然形」與「不規則形」四大種。幾何學形給人秩序性、機械般的冰冷感覺，而不規則形則能充滿有溫度的人情味。以下逐一說明。

幾何學形

由直線或曲線所構成的形狀，具有明快、理性、秩序的性格。然而當幾何學形的組合過於複雜時，就會失去其明快、銳利的特性。

有機形

　　雖然不如幾何形具有數學秩序，但在視覺上仍然是有序、純粹的，符合自然法則，能夠產生規律的美感。有機形態經常能在大自然中看到，例如植物、海邊的石頭等。

偶然形

　　偶然產生的形，指的是創作者非完全控制下的結果。偶然形有其特殊的視覺效果，與其他經過事先計畫，用以創作出特定個性的作品不同。

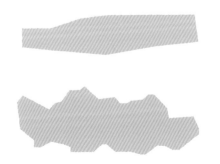

不規則形

　　不規則形的定義，與偶然形不同，並非計畫外的產物。不規則形是刻意為之的形態。例如用手撕紙張、或以剪刀剪出想要的形狀，用以表達特定情感。

面的視錯覺

外力干擾下的錯覺

兩條相同的弧線，弧線上有與弧線正交的小短線密集排列。下圖左的小短線朝向弧線外，使

弧線有加大之感，而下圖右的小短線朝向弧線內，在視覺上呈現內縮、變小的趨勢。

把相同的兩個圓形，加上向外放射或是向內聚集的箭頭，也會干擾對面積的判斷。箭頭向外

時，圓形有膨脹加大的效果，而向內時，則有縮小感。

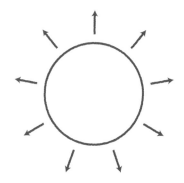 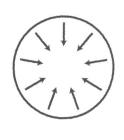

相等的兩個形狀，受到外在環境的影響，看起來好像有大小之差。圖 a 的實心圓形、圖 b 的實心箭頭以及圖 c 中央位置的三角形，都是相同

的圖案，但受到不同的外框線或是其他形狀干擾，出現大小不同的錯覺。

a
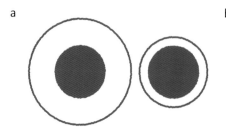

b

c

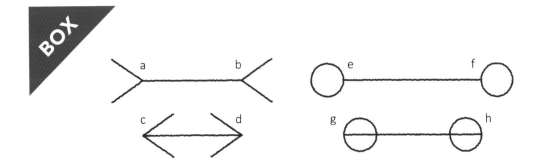

繆氏錯覺

　　德國社會學家繆勒萊耶（Müller-Lyer）於 1889 提出的研究指出，人們容易受到圖形外圍因素干擾，而產生視覺上的錯誤認知。實際上，線段 ab 與線段 cd 等長，線段 ef 和線段 gh 等長，然而因為箭形方向以及圓圈位置，使得線段 ab 和線段 ef 看起來比較長。這就是「外力干擾」下所產生的視錯覺。

線條方向的錯覺

　　在〈線〉的章節中提過，垂直方向的線具有拉長效果，橫向則有加寬作用。因此穿著直條紋的衣服，能拉長身形，而橫條紋則會加寬身形，甚至看起高度降低。不過，線條的間距、粗細也會對最終效果有所影響。

　　圖 b 和圖 c 是由重複直線所構成的正方形，實際上和圖 a 的面積相等。不過，因為線條方向以及重複連續性所製造的視覺引誘，三個正方形之中，圖 c 看起來是最高的，而圖 b 看起來是最寬的方形。

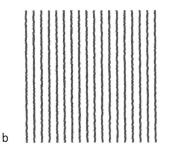

形狀的錯覺

圖中所有的形狀，面積都是相等的。但由於形狀、擺放的角度、位置各有不同，人眼在同時觀看時，會有大小不同的感覺。

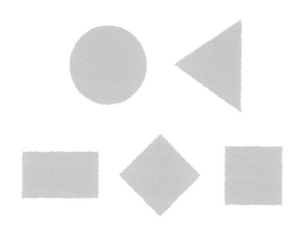

位置的錯覺

人眼有自動判斷物體遠近距離的傾向，當兩個一模一樣的圖形上、下並置時（圖 a），會因此認為上面的圖形比較大；相較於圖 b，上面的圓有些微縮小，兩圓並非等大，但在視覺中，圖 b 的兩個圓形看起來卻是一樣大的。

圖 c 基於同樣的原因，英文字「B」和「S」的印刷體，都將中心線提高，使字體的上半部和下半部在視覺上是平衡的。

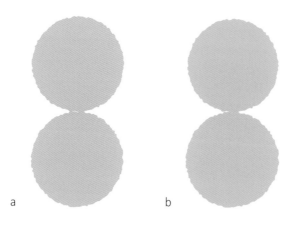

a　　　　　　　b　　　　　　c

面的運用

臉形與面積

　　角度、方向、形狀等因素，會造成面積上的錯覺。在視覺上，菱形臉比方形臉小，而倒三角（或稱「心形」）臉比正梯形臉小，這是形狀造成的效果，與實際面積沒有直接關係。圖 a 的正方形，轉成菱形，或是圖 b 的三角形，轉 180

度，視覺上就很不一樣；試想，假設圖 c 的直線是人的身高，三角形是人臉，倒三角形對身高會有延長效果，使人看起來更高，反之，正擺的三角形會截斷視覺，讓身高看起來變矮。

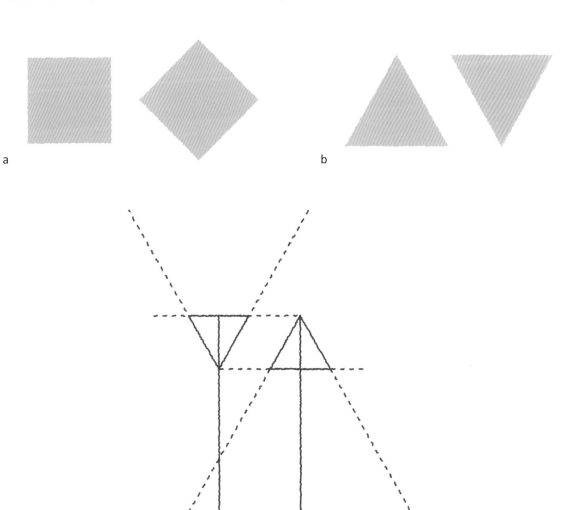

a

b

c

面的形狀與視覺效果

就面積而言，上、下兩組圖形分別是一樣的，但運用在臉形上，橢圓能延長視線，而下顎較小的臉形，看起來總是比下巴寬闊的臉形來得小。

面的角度與視覺效果

以下五張圖，展示出同一組眼睛，在不同的眉型和眼妝下的視覺效果。五張圖的妝容的面積相近，但角度不同，便帶來不同感受。

a

倒三角往上揚，讓視線往上延長，並持續擴大。舞臺妝經常這樣設計，好讓臺下的人可以看清楚五官。

b

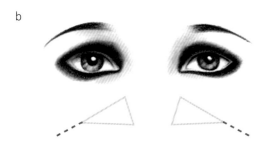

眉眼同樣構成三角形，但重心往下，有沉重的感覺。

c

以圓形的畫法，來加強視覺焦點。

d

橫向的扁橢圓形，有左右方向性，有拉長眼眉的視覺效果。

e

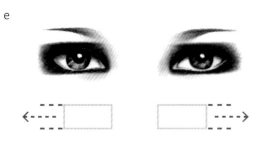

方形雖然沒有圓形來得柔性，但長方形的左右延伸感，是五種眼妝之中最大的。

面的距離與視覺效果

　　圖中臉上的兩隻眼睛，分別畫有面積不同的眼妝，眼妝的面積影響了眼部與面頰和下顎的距離，可知運用上妝面積能大幅改變臉形的長寬比。

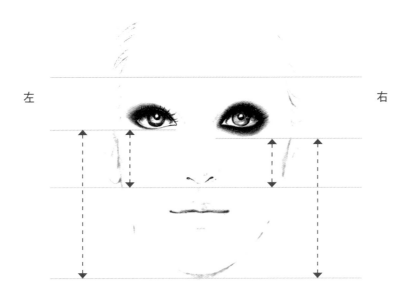

左　　　　　　　　　　　　　　　　右

運用錯覺改變形狀

髮型的錯覺

　　在一個範圍內，環境中的任何形狀改變，都會相互影響，進而改變元素之間的比例，引發錯覺。圖 a 和圖 b 是同一張臉，但圖 b 的髮型有瀏海蓋住額頭，使臉部面積變小，結果鼻子的占比就變大了，這會直接反應在視覺上，讓人覺得圖 b 模特兒的鼻子比圖 a 大。

a

b

眉毛與眼妝的錯覺

　　眉眼之間的各種距離，能透過改變眼、眉妝的角度，而產生視覺上的改變。相較於圖 b，圖 a 的眼妝引導視覺向中心集中，因此兩眉的距離看起來也變近了。而眉頭和眼頭連線的角度會影響額頭的寬窄，眉頭和眼頭的距離則會影響臉部中央的立體感。

a　　　　　　　　　　　　　　　　　　b

　　臉部突起的亮面，恰似一個倒三角形。亮面愈寬，臉部也會跟著變寬，不僅亮面的位置，還有暗面的角度和形狀，都會改變面頰的長寬比。

明度與面的關係

「明度」對面積的直接影響非常大。臉上高明度的面積愈大，平面感就會愈強。明度降低，高明度區域縮小，臉上的平面就會隨之縮小。下方兩組圖，由左至右，明度由高到低。可以看出，圖 a 和 d 相較於圖 c 和 f，臉部面積看起來比較大，相對地，圖 c 和 f 的臉就看起來比較小。因此，在臉部造型中，明度經常被運用來修飾臉形，或是局部尺寸。雖然明暗能夠調整視積面積的大小，不過，也要考慮明度與妝彩的彩度（請參考 Part 3〈色彩〉）等相互作用。

a

b

c

d

e

f

　　臉部亮面的「位置」，是集中還是外擴，會影響臉的三角面寬度。亮面愈往上往外，三角區域就愈大，臉形也會看起來愈大。

　　臉部亮面的「形狀」，也會改變視覺對面積大小的判斷。橫向的長條形會使面部加寬，圓形有平面效果，面積愈大，平面感就愈強。而三角形有增加立體感和修長的作用。

　　臉部亮面的「角度」愈水平，臉的面積會看起來愈大。

利用明度修飾臉部造型

額頭凸長

利用低明度，把向前伸出、擴張的部分打暗。

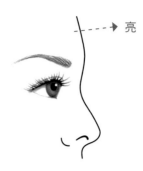

額頭短窄

利用高明度，增加額頭的視覺面積。

雙下巴

利用低明度，把雙下巴的部分打暗，使其內縮。

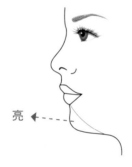

沒下巴

利用高明度，把下顎的底端提高，並利用低明度，把下顎與脖子的連結處打暗，使下顎更加突出。

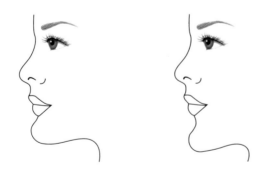

下巴翹、下巴長

翹凸與過長的下巴，都可以用低明度，來使下巴縮小、後退。

小結：點、線、面的綜合運用

　　臉部造型中，眉型的設計影響臉形甚鉅，眉毛的高低、曲度，會直接影響臉的形狀和大小。

　　下方系列圖中，我們把眉峰與下顎連成三角形的面，以進行比較和觀察。圖 a、b、c 的眉峰較高，轉折較大，形成較窄的三角形，臉形感覺比較立體，尤以圖 b 最為明顯。圖 d、e 的眉型平直，與下顎連接而成的三角形較寬，臉的面積會看起來比較大而扁平，圖 d 的眉型下垂，進一步改變了臉形，使臉部更加平且寬。這就是由點、到線，再到面，影響造型的基本原理。

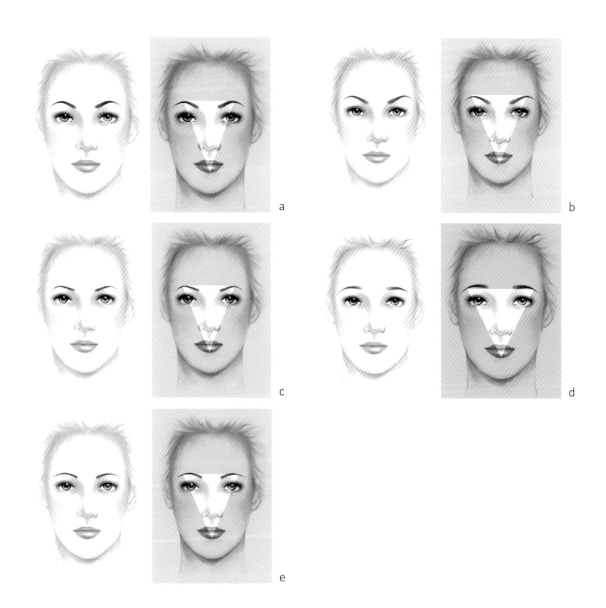

a

b

c

d

e

體 & 空間

「張力」形成了線與面，而「體」的形成則主要是靠「量感」。在視覺表現形式上，「體」可以是空間中的立體構成（constitution），也可以是平面上的模擬。體除了具有點、線、面的視覺感受之外，還有「量感」，其中包括「結構」（structure）和「質地」（texture），而空間本身則具有視點、透視、空氣的流動性、穿透、光線等特性，使得「體」在空間中，擁有量感、位置、方向、重心、角度等。

在造型中，「體」是長、寬、高三方向的延伸，從任何角度都能觀察到的立體現象。除了視覺以外，觸覺也是「體」的感知之一，可以用手摸到其形態。當造型從平面來到立體，我們所要討論的視覺現象，就必須從二維進入到三維空間。

始於點、線、面，再加入「深度」，就構成了空間的本質。空間具有正、負的性質，也就是有「開放」或「閉合」的現象。例如環境中的草木、建築、石頭、景觀等，藉由其相對關係，能反映出空間感如前後、遠近。空間在造型中，可以表現在平面上，也可以表現在立體上，可說是造型學中運用最廣泛的元素。

體的形態

體的種類

由於「體」除了點、線、面，還多了「量感」，因此觀察「體」的時候，不能只是看外形，也要考慮結構和質地。體可分為「直面體」與「曲面體」。而當「量」形成為「體」時，若過程穩定，則會構成「直面體」；若過程不穩定，有快、慢或是密度、高地起伏等改變，則會構成「曲面體」。直面體具有穩定、踏實的性質，而曲面體則是律動、活潑的。

體與光

　　光是立體現象的重要媒介，將光投射在物體上，物體會出現「受光面」、「背光面」和「影子」，再加上物體的「輪廓」，這就是形成立體感的四個要件。

　　觀察下圖，我們可以發現，雖然只需要三種不同的明度，分別使用在立體物件的長、寬、高，就足以建構立體的形象，但若把光源考慮進去，隨著光源角度、位置不同，明暗的漸層可以變得很複雜。不過，仍然可以有系統、有依據地來分析光線來源對物體造成的影響。

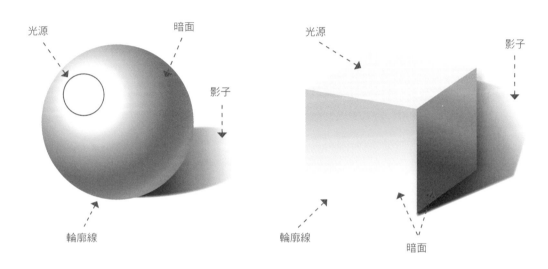

光源對物體的影響

　　最接近光源點的位置，亮度最高。因此，物體凸出的部分，也就是最容易接收光線的區域。不過，當光源移位，物體呈現的樣貌就改變了。

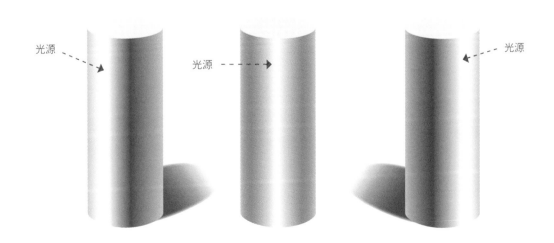

臉與光源：人的頭形基本上是圓弧形的，再加入眉毛、眼睛、鼻子、唇、面等構造。要塑造臉部的立體感時，首先要知道光的來源，再來是掌握亮面、暗面以及明暗度的分布。

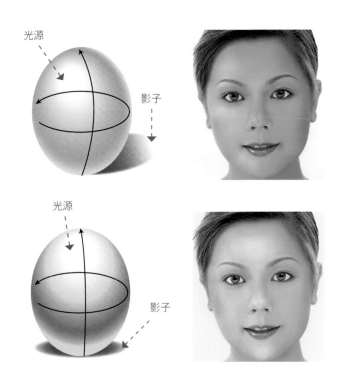

光影的膨脹與收縮

當光線照射在立體的物體表面時，光影會隨著光源的投射點，以及物體表面的凸起或凹陷，產生不同階調的陰暗面。愈接近光源的地方，明度就愈高，而明度愈高，則會帶給被投射物體「膨脹」與「前進」的特質；反之，明度低處，則有「收縮」及「後退」的效果。

比較 a、b 兩圖，圖 a 的光影反差較小，圖 b 較大。圖 b 中，模特兒的左臉頰因深重陰影，明顯地後退、收縮，看起來比右臉頰小。又因此，整體而言，圖 a 模特兒的臉，會看起來比圖 b 大。

c、d、e 圖的光影線強度，由強至弱，圖 c 的亮面是三圖之中看起來最大的，而圖 e 中的臉則看起來最為削瘦。

光線強度與立體感

當物體處在強光中，在視覺上會失去原有的色彩漸層，使立體感降低，趨向平面；反之，如果光線太弱，使物體處在低明度之中，形體也會變得不明顯。畫家也會運用光線的強弱來處理物體遠近的表現：當物體在遠處或是陰影處時，就不會以清晰的輪廓線去描繪，而是給予一個概略的外形。同理，臉部的輪廓清晰程度，將直接受到光線強度的影響。如果要表現臉部的立體感，就要同時運用「高、中、低」不同的明度，而不能只有單一高明度或低明度色調。

圖 a 的光線過強，與層次豐富的圖 b 相比，顯得扁平。明暗層次愈少，就愈沒有立體感。

比較 c、d、e 三圖，圖 c 的中間調最少，因此是三圖之中最扁平的；而圖 e 的光線最暗，明度最低，立體感同樣地也沒有圖 d 來得明顯。

體與臉

三維空間中的臉

　　頭顱是三度空間（具有長、寬、高三個方向性）的物體，必須處理「面與體」、「前與後」、

「虛與實」的空間問題。至於臉部的五官，同樣也是立體的，擁有位置、運動、方向、量感與力，

這五種表現。

接下來，我們要解釋「形」如何從二維空間平面，進入到三度空間立體。

在平面上，單一色彩明度（圖a）只能表現形狀和大小，而兩種明度（圖b），則還能展現深淺的差異。而當同一色彩具有高、中、低三種明度（圖c）時，就能形成空間深度。明度的層次愈多（圖d），形體的外貌也將愈明顯且細緻。此概念運用到人臉中，可以觀察到，將臉部分割成面，並填上不同明度，層次愈多時，外形將愈趨光滑。

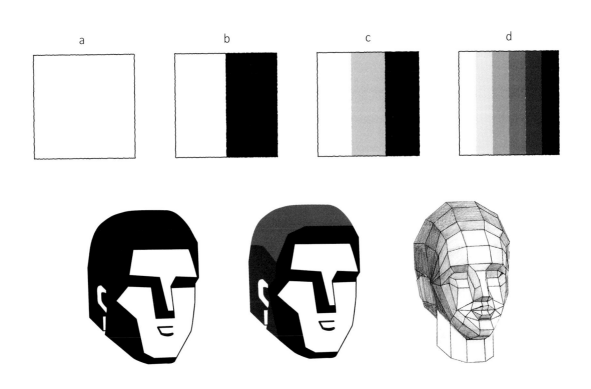

臉部的骨骼與肌肉

敏銳入微的觀察，是美學的重要素養之一，而觀察又必須以各種不同角度來探究其變化，才能掌握全貌。以三維空間中的臉部為例，除了正面、側面，也要從斜後、斜左斜右，仰角和俯角等各個角度，去處理光影和五官之間的點、線、面微妙關係。

接著我們就來認識頭顱的基本構造和部位名稱。骨骼是影響臉形的主要因素，以臉部正面髮際線中央畫一條垂直線為臉部的中心線，自髮際線到眉頭，為臉部的「上段」；從眉頭到鼻梁為「中段」，而鼻頭至下巴則為「下段」區域。

側頭骨

頰骨

下顎骨

上段

中段

下段

BOX

如何觀察自己的臉：1．梳整頭髮，露出頭臉；2．仔細觀察頭部與臉部的正面、側面、仰角和俯視的各個角度；3．把上、中、下段的區域分辨出來。

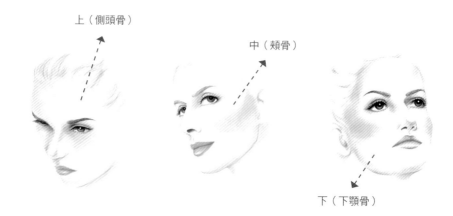

上（側頭骨）

中（頰骨）

下（下顎骨）

	頭骨	顏面
上段	頭頂骨 前頭骨 眉骨 側頭骨（側頭窩）	髮際線 前額 太陽穴 眉
中段	頰骨（頰骨凸起）	眉 面頰最寬處 鼻端
下段	下顎骨	鼻端 下巴（腮） 下巴底端

認識骨骼

　　頭部的骨骼是由頭蓋骨和顏面骨所構成。頭蓋骨共有二十二個骨群，骨骼之間緊密結合，保護著大腦；而顏面骨由下顎骨等十三塊骨骼構成，其中，眼窩位於頭部的 1/2 處，支撐上顎齒的上顎骨，與從面頰凸出至耳的頰骨形成頰部。側頭骨是頭部側面較扁平的骨骼，連接下方的頰骨弓如眼鏡腳一般，和頰骨結合。

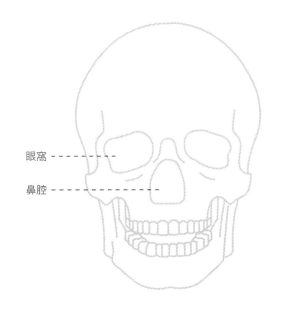

眼窩 - - - - - - -

鼻腔 - - - - - - -

頭部顏面骨骼

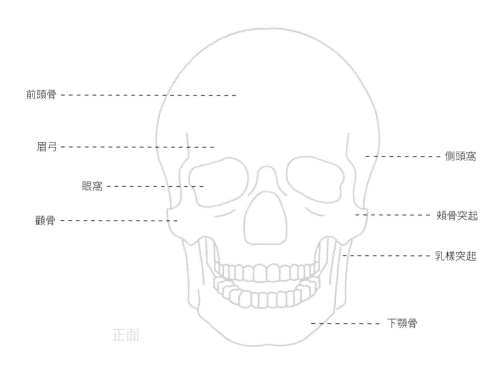

前頭骨 - - - - - - - - - - - - - - - - - - -

眉弓 - - - - - - - - - - - - - - - - - -

眼窩 - - - - - - - - - - - -

顴骨 - - - - - - - - - - - - -

- - - - - - - - 側頭窩

- - - - - - - - 頰骨突起

- - - - - - - - 乳樣突起

- - - - - - - - 下顎骨

正面

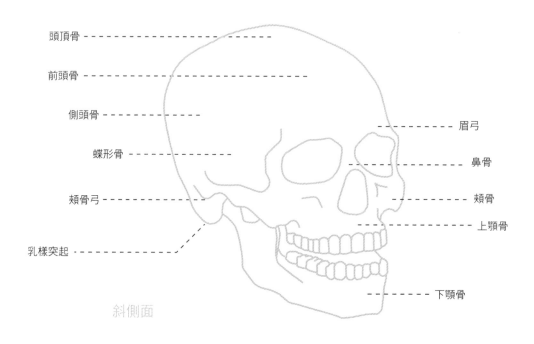

頭頂骨 -

前頭骨 -

側頭骨 - - - - - - - - - - - - -

蝶形骨 - - - - - - - - - -

頰骨弓 - - - - - - - - - -

乳樣突起 - - - - - - - - - -

- - - - - - - - 眉弓

- - - - - - - - 鼻骨

- - - - - - - - 頰骨

- - - - - - - - 上顎骨

- - - - - - - - 下顎骨

斜側面

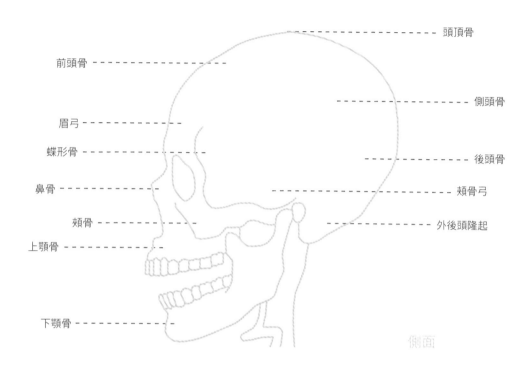

前頭骨 - - - - - - - - - - - - - - -

眉弓 - - - - - - - - - - -

蝶形骨 - - - - - - - - - - -

鼻骨 - - - - - - - - - - -

頰骨 - - - - - - - - - -

上顎骨 - - - - - - - - -

下顎骨 - - - - - - - - - -

頭頂骨 - - - - - - - - - -

側頭骨 - - - - - - - - - -

後頭骨 - - - - - - - - - -

頰骨弓 - - - - - - - - - -

外後頭隆起 - - - - - - - - - -

側面

認識肌肉

　　臉部的肌肉會因表情運動而產生變化。眉、眼、鼻、唇、頰、耳等部位,都受到顏面肌肉的神經所支配。肌肉所展現的動態表情,是造型設計中最重要的環節之一,例如眼睛張開、閉起的動作,眼皮會因此改變原有的色彩與線條等設計。因此,必須了解人臉的骨骼、肌肉、表情之間的關係,才能設計出生動完美的造型。

頭部的肌肉

	區域			肌肉		
頭部	・前頭部　・後頭部　・眼窩部 頭頂部　・側頭部　・眼窩下方			・前頭肌 ・帽狀腱膜	・後頭肌 ・側頭肌	・眼輪肌、皺眉肌 ・上唇舉肌、小頰骨肌
臉部	・鼻　　・下巴　・頰骨部 ・唇　　・頰			・鼻肌 ・口輪肌、口角舉肌	・下唇下制肌、 下巴肌	・口角下制肌、舉肌 ・(大小)頰骨肌

臉部肌肉

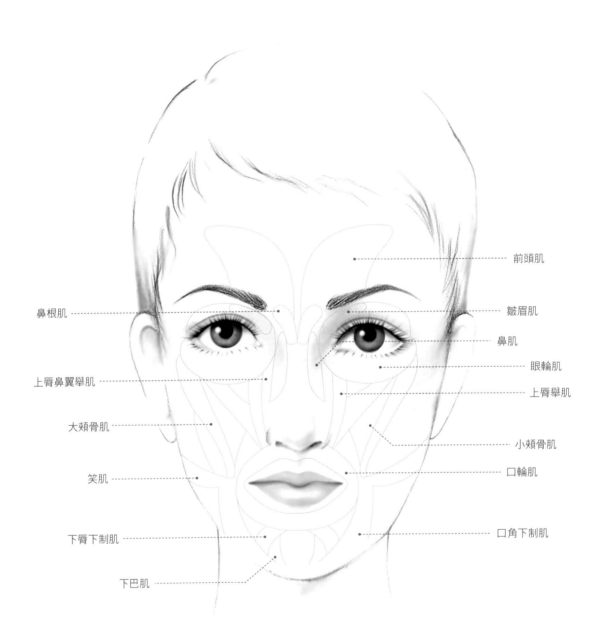

前頭肌

皺眉肌

鼻根肌

鼻肌

眼輪肌

上脣鼻翼舉肌

上脣舉肌

大頰骨肌

小頰骨肌

笑肌

口輪肌

下脣下制肌

口角下制肌

下巴肌

臉部的比例

　　人的頭部，可約化成一大一小兩個圓——大圓的半徑為小圓的直徑，垂直連接兩圓，就能畫出一個標準的橢圓臉形。

　　以標準的臉形為例，臉部中央的垂直中心線為基線，髮根至眉頭、眉頭至鼻端、鼻端至下巴，大約會是三等分。

　　臉寬則可以眼睛長度來測量，兩眼間的距離為一眼之長度，而兩眼外側至臉外緣的距離又約是 2/3~4/5 眼長。

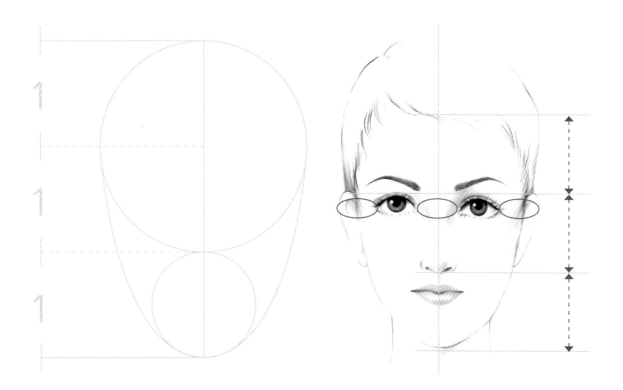

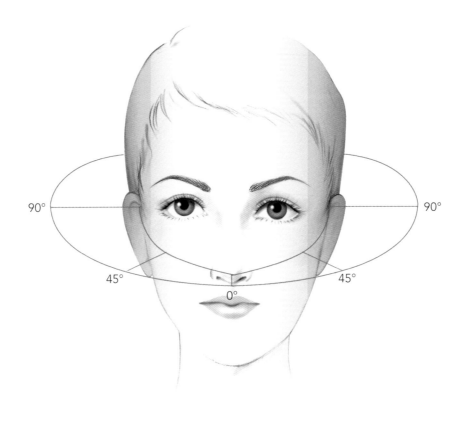

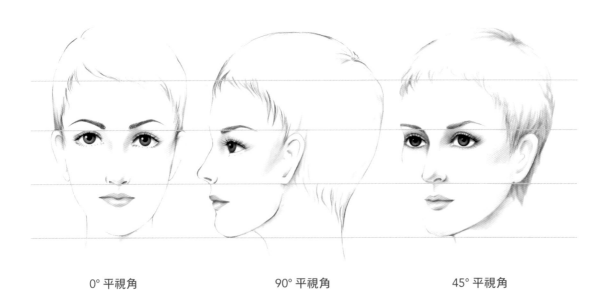

0° 平視角　　　　　90° 平視角　　　　　45° 平視角

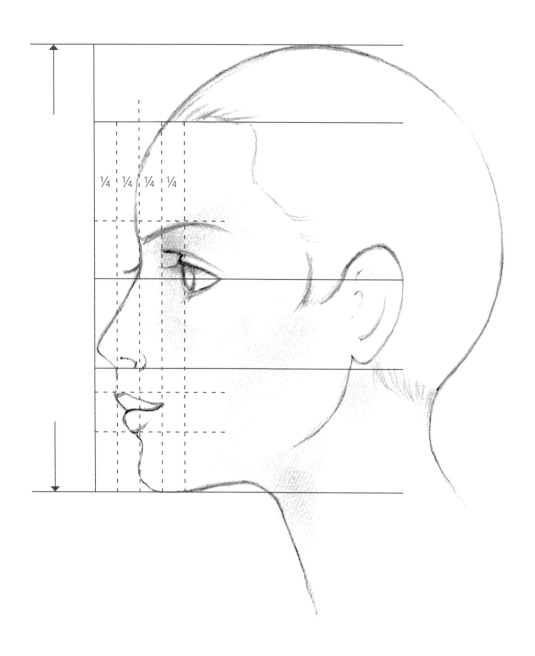

標準的 90 度平視側臉，從鼻尖到瞳孔分為四等分；第一個 1/4 是從鼻尖到上脣，第二個 1/4 從上脣到鼻梁，第三個 1/4 從鼻梁到上眼瞼，最後一個 1/4 是從上眼瞼到瞳孔。

眉的定位

眉頭約位於眼頭正上方，連接眉頭和眼頭，能得出垂直線 a，連接眉頭和眉尾，會得到水平線 b，最後，連接眉尾、眼尾的 c 線，與 a 線應會相交於大約鼻翼的位置。

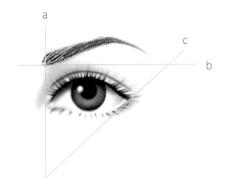

標準眉型的眉頭（a）應與眉尾（c）位於同一條水平線上，且眉頭至眉峰（b）的距離，會大於眉峰至眉尾。眉頭粗、眉毛細，眉峰呈弧形。

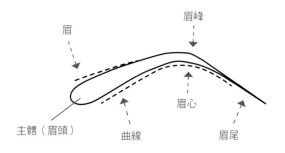
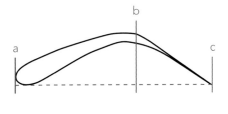

眼的定位

眼睛的位置，標準而言，從頭頂到下巴畫一條垂直中心線，上眼瞼的邊緣會在線段的 1/2 處，而上眼瞼的邊緣和眉毛間的距離，約和虹膜直徑相同。

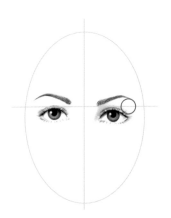

虹膜在眼睛的中央位置，大約占眼白的 2/3。一般而言，成人的眼頭位置會比眼尾低，上、下眼線都是弧形，上眼線的位置會隨著年紀而下降。

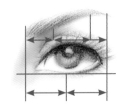

鼻的定位

　　鼻子位於臉部的垂直中線上，以兩眼眼角和下脣中心三點畫一個三角形，鼻子就會落在這個三角形之中。

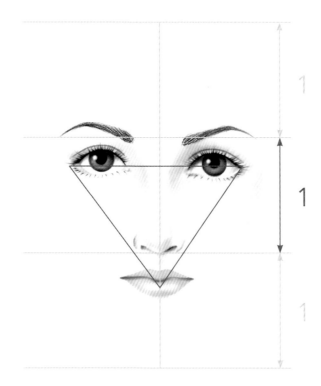

　　鼻子略呈梯形。從鼻梁畫兩條相互平行的垂直線，向下與切過鼻端的水平線相交後，再以切過兩側鼻翼邊緣的斜線構成左右兩個對稱三角形，就是鼻子的幾何形狀。

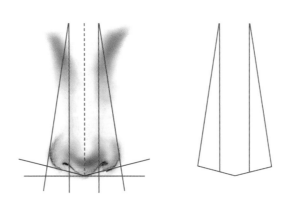

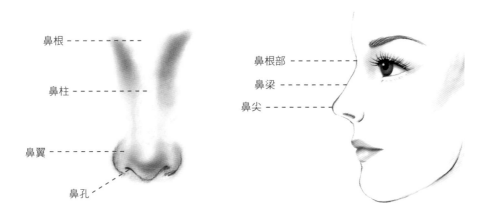

鼻的各部位名稱

鼻根

鼻柱

鼻翼

鼻孔

鼻根部

鼻梁

鼻尖

脣的定位

脣位於臉部的垂直中線上,將人臉分成上、中、下三等分,下脣線約會落在第三個等分,也就是鼻端到下巴的 1/2 處。

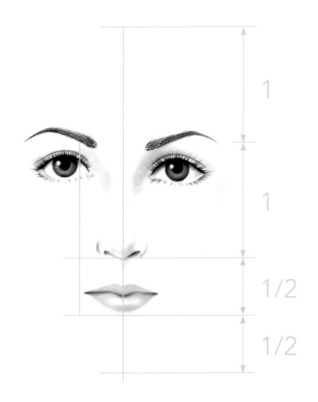

1

1

1/2

1/2

標準比例的唇形，上唇和下唇的厚度約為 1:1.2~1.5。唇峰位於唇中心至唇角的 1/4 處，而下唇的轉折處則約在唇中心到唇角的 1/2 處。

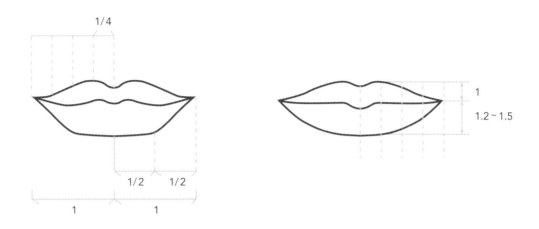

唇的各部位名稱

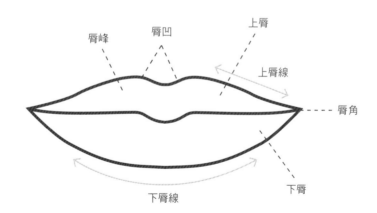

臉部的立體表現

下圖所展示的是兩側平均光線下的一般臉形，正面的立體區塊分布。臉部及五官，由外往內從輪廓、鼻、上脣翼、脣以至下顎，以球面分布。

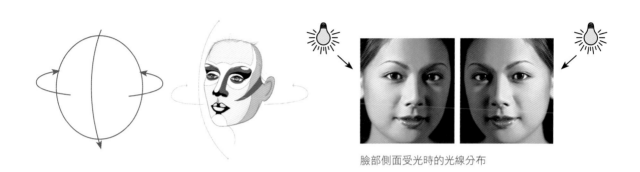

臉部側面受光時的光線分布

人種的臉形差異

亞洲人普遍眼部較浮腫，並無明顯的凹陷，而歐美人種則有極為立體的凹凸。這是因為白種人的眼窩較黃種人的更為退縮，鼻梁與頰骨較高，立體感因此顯著。

亞洲人種

歐美人種

眼的立體構成

眼部立體造型是由眉骨、眉毛、眼凹內凸起的眼球,與覆蓋眼球的上眼瞼、下眼瞼,及上、下睫毛所組成,肌肉包覆骨骼,形成凹凸起伏的亮、暗面。

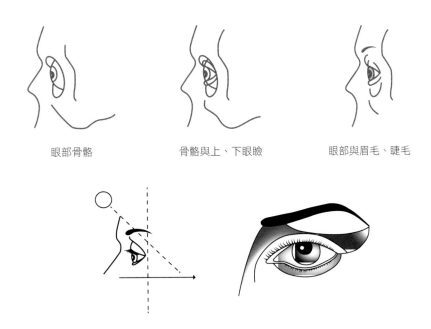

| 眼部骨骼 | 骨骼與上、下眼瞼 | 眼部與眉毛、睫毛 |

眼部的光影分布,因眉骨、眼皮凸出而產生亮面,眼窩及睫毛下方則有陰影,形成暗面。

BOX

要改善因眼部浮腫而缺乏的立體感,可以用低明度的色彩,使眼皮浮腫的視覺感受降低,建立一個內凹的層次。以骨骼的結構為基礎,運用低明度色彩的層次來打造眼窩深度,使眼皮有凹陷的視錯覺,是常用於浮腫眼皮的方法之一。

亞洲人種的臉部立體光影表現

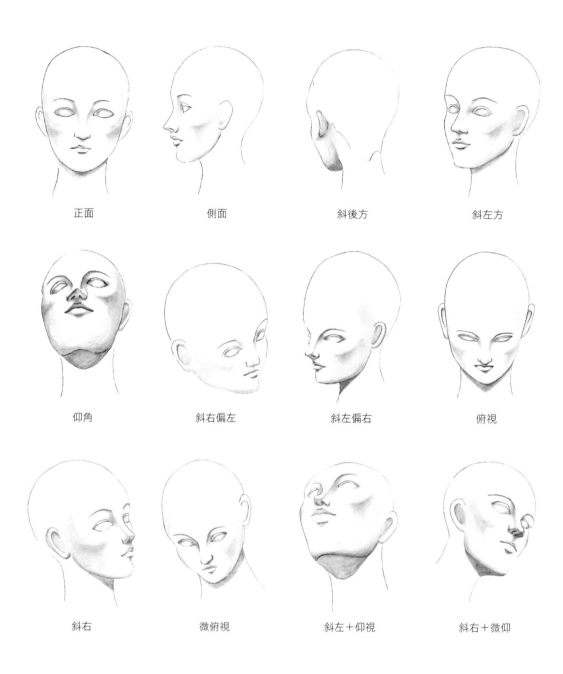

正面　　　　側面　　　　斜後方　　　　斜左方

仰角　　　　斜右偏左　　　斜左偏右　　　俯視

斜右　　　　微俯視　　　斜左＋仰視　　　斜右＋微仰

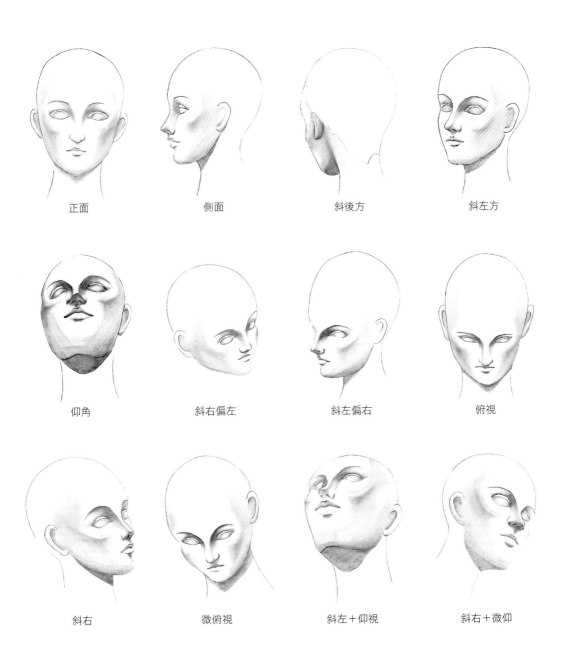

正面　　　　　　側面　　　　　　斜後方　　　　　　斜左方

仰角　　　　　斜右偏左　　　　　斜左偏右　　　　　俯視

斜右　　　　　微俯視　　　　　斜左＋仰視　　　　斜右＋微仰

鼻的立體構成

　　眼睛、鼻子、嘴巴的線條，是觀察人物個性最直接的特徵。尤其是鼻子，鼻子是臉上最立體、最容易被注視的部位。而鼻子的高低是由鼻骨的傾斜度來決定的，鼻骨與鼻軟骨的連結角度，也會影響鼻形，使每個人鼻形不同。鼻子位於臉部中央凸起、受光最多的高明度區，鼻頭下方則是暗影區，而鼻骨與眼窩凹處，也是影響鼻子立體感的關鍵。

鼻的正面和側面

　　鼻子的立體感，除了會因光影的強度而有所差異，還有亮面與暗面的面積比例。若把鼻子用幾何形狀來分析，兩側傾斜的暗面（b 面），在底面積相同的前提之下，會因為中央凸出的亮面（a 面）放大或縮小，而在視覺產生形態改變（集中或擴張）的效果。圖 C 的 a 面亮度範圍寬，使得整體形狀看起來比較低平，而圖 B 的 a 面亮度範圍窄，看起來最為集中且立體。以上可知，在打造立體造型時，必須謹慎處理亮、暗面的相對比例。

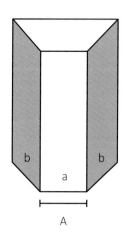

A

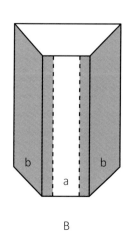

B

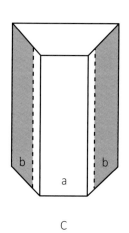

C

鼻與臉的關係

　　鼻子垂直位於臉部的中央線，最立體、明亮的位置。在觀察時，除了要注意光影的位置，以及亮面、暗面的面積比例之外，也要觀察鼻與眼、頰等連結的形態。在肌肉的包覆下，鼻子和眼凹、面頰的連接處都是弧面的，且頰骨是凸出的，理解這些骨骼肌肉結構，有助於打造自然的鼻形。

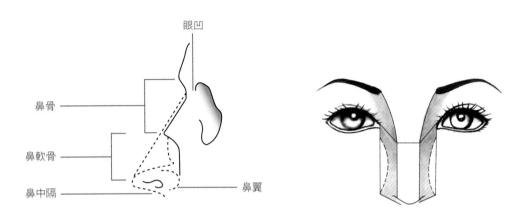

不同的鼻根及其光影處理

· 鼻根過於凹陷

　　要修正鼻根凹陷所造成的陰影，可以採用更高的彩妝明度產生前進、凸起的錯覺，與鼻梁平衡。

· 鼻根過於狹窄

　　鼻根狹窄會使鼻頭面積相對較大，這時要運用修改比例的技巧，先把雙眉之間的距離加寬，再將鼻根的明度提高，使鼻根面積擴大，鼻子看起來就會上下均稱。

　　改善過窄的鼻根，也可以利用製造陰影來將鼻根的凹陷擴大至與鼻頭平衡的位置，使立體形態透過異位來改變，也能改善過大鼻頭與窄小鼻根。

· 鼻根過寬，與額頭平齊

當鼻頭較短，而鼻根之間距離很寬時，臉形會顯得扁平。必須先把視覺集中，才能展現立體感。將兩個眉頭的距離拉近，並把眼凹與鼻根的陰影往中心點縮，提高鼻子與兩頰連接處的亮度，能使鼻子變窄。

· 鼻根凸出

在鼻根運用低明度彩妝，將鼻根的高度壓低。

不同的鼻頭、鼻柱及其光影處理

· 鼻頭過大

鼻頭過大，或是鼻頭凸又圓，可用低明度降低過大範圍的擴張性，使其形狀不明顯。

· 鼻頭上翹

在鼻子的底端以低明度製造陰影。

· 鼻頭前伸

降低鼻梁的明度，讓鼻子過於凸顯的部位收縮。

· 鼻柱又長又寬

把鼻梁的明度集中，並在鼻頭加上陰影，縮短鼻子長度。

· 鼻頭過長

可降低鼻頭的明度，使視覺長度變短。

· 鼻柱短

在鼻子底端加上高明度，以在視覺上產生放大、拉長的效果。

脣的立體構成

　　脣位於臉部中央、下方的位置，分成上、下兩脣瓣，於嘴角相連。上脣中央的膨脹處，稱為「上脣結節」，上脣結節與下脣凸是嘴脣的主要受光面，下脣下方、口裂與嘴角則是暗面。

上脣結節　　　　口裂

嘴角

脣部光影

脣部的受光面

色彩

PART

光與視覺

沒有光，就沒有色彩。自從希臘哲學家亞里斯多德發現了這個物理現象，「光即是色彩之源學說」，影響至今。人類肉眼可辨識的色彩中，每種色調的明度能有 500 種差異、彩度能有 170 種差異，而這些色彩相互結合，便產生出了 750 萬種之多的色彩。

色彩的來源

光是視覺現象的主使。太陽燃燒發出「光」和「熱」，經過 9300 萬哩太空，投射到地球上。物體受到光線的照射，產生「形」與「色」，眼睛也因為光線作用，才能產生視覺。而色彩，則是光的反射物質所造成的現象。自亞里斯多德的「光即是色彩之源學說」之後，一直到公元 1666 年，英國物理學家牛頓發現了光譜，才將色彩與光的關係建構了初期的理論基礎。

光譜

光是一種電磁波，而人眼可視範圍的電磁波波長介於 780mm 至 380mm 之間。牛頓將光反射引入暗室，讓光線穿過三菱鏡，經過折射作用後，依波長分出七種色彩的光：紅、橙、黃、綠、藍、靛、紫。牛頓將這七種單色稱為「光譜」（spectrum），光譜中的七色混合後，又會還原為白色太陽光。

太陽光線中的七色，因為人眼可見，又被稱作「可見光」，因各色光線波長不同，折射率也不

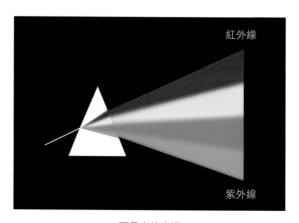

可見光的光譜

同：紅色的波長最長、折射率最小；紫色的波長最短、折射率最大。而紅色那端以外，超出可見光範圍光線，被稱為「紅外線」，而光譜另一端，超出紫色光可見範圍那一端的光線，則被稱為「紫外線」。

色環

　　將形成光譜的七色，依序以環狀排列，即成為色環。色環能夠說明色彩是光線波長的本質。光線明亮時，大自然萬物色彩飽和且清晰、鮮豔奪目；陰暗時，色彩黯然灰濛、模糊不清，若沒有光線，我們就無法看到顏色。

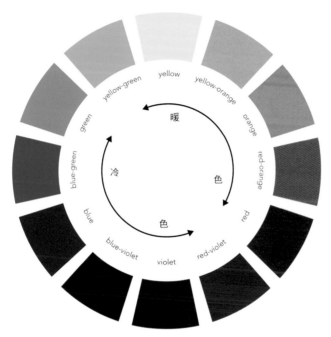

色環上的冷暖色

光的三原色

　　在牛頓確立光的物理基礎之後，十九世紀兩位科學家楊格（Thomas Young）及賀姆茲（Herrmann von Helmholtz），以紅色光和綠色光重疊投射在銀幕上，結果產生了黃色光，再加上藍色光，便出現了白色光，因而發表了光的「三原色說」。即人眼中布滿了能感受三原色（紅、綠、藍）的感覺細胞，在這些細胞的配合下，感受到太陽的三原色，並組成其他各種顏色。在這三種視覺細胞被極度激刺之下，則會感受到白色，反之則是黑色。

　　三原色理論證實人的視覺系統能感覺紅、綠、藍三色，而幾乎任何色彩都用這三色以不同的比例混合出來。二十世紀的新科技：電視、彩色影印機、彩色攝影等，都是藉由精準控制紅、綠、藍三色光的強度與平衡，來呈現出彩色。因此，「紅、綠、藍」被稱為「光的三原色」。

色彩三原色

牛頓於 1704 年發表的「光學」，將色彩分為七種顏色，而經過德國印刷設計師勒‧布隆（Le Blon）的實驗，發現只需要運用「紅、黃、藍」三種顏色，就可以印出「紅、橙、黃、綠、藍、靛、紫」，而產生了「色彩三原色」說。數學家梅耶（J. T. Mayer）於 1745 年用紅色的辰砂，黃色的雄黃與藍銅礦粉排列於正三角形的三個頂點，再依比例混合三色，製成色票，正式以數學觀點表現「色彩三原色」。

1821 年，科學家大衛‧布里瓦特（David Brewater）於皇家科學院發表「紅、黃、藍三原色」理論，根據光譜濃縮後所得到的原色為紅、黃、藍，所有「色彩」均可由紅、黃、藍三色混合而成。

1868 年，法國印刷師路易‧迪‧修朗（L. D. Huro）根據多年實務經驗，以鐵製石板印刷機，發明了三色石板印刷術，於 1869 年正式提出印刷三原色的圖形。

三原色印刷術的適用範圍包括：彩色印刷、彩色照片、彩色印表機、彩色影印機。

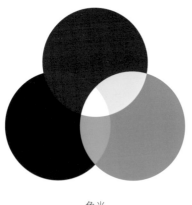

色光

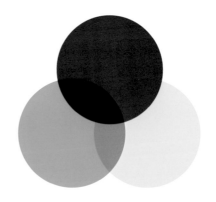

原色

視覺

看見色彩

人類的眼睛之所以能「看見」色彩，是由光線照射物體，物體反射的光線透過眼睛的角膜、水晶體，凝聚於視網膜上，再由視覺神經傳送到大腦，便產生了色彩資訊。

眼睛的構造如相機一般，從外而內有眼簾（鏡頭蓋）、虹膜（透鏡）、瞳孔（光圈）、角膜（暗箱）、視網膜（底片），接著是視覺神經（底片的感光層）。視網膜是人類視覺系統中最重要，也最

複雜的組織。視覺神經的細胞序列由外而內分別為光學神經纖維、節細胞與雙極細胞，最後才進入感光細胞層的桿狀細胞與錐狀細胞，直到這時，才算正式進入視覺資訊的處理流程。

無論是直射光、反射光、折射光、暈光，或擴散光等，光線到達視網膜之後，由視網膜上紅、綠、藍三種色彩感光的錐狀細胞所接收，而桿狀細胞則能感知光線的明暗程度，這兩種細胞吸收光線後，將刺激轉換為訊號，沿著視覺神經傳到大腦的神經中樞，產生色彩知覺。有些動物沒有錐狀細胞，因此是色盲。

依光線強弱不同，感受到的「光覺」和「色覺」都不一樣，色彩是與情感有著微妙聯繫的高級感知。

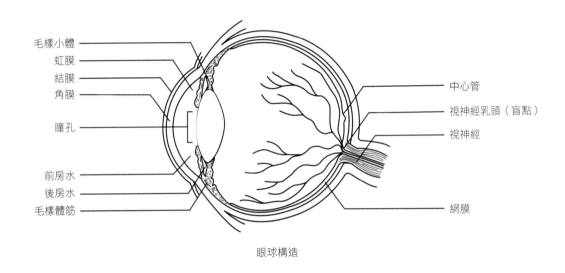

眼球構造

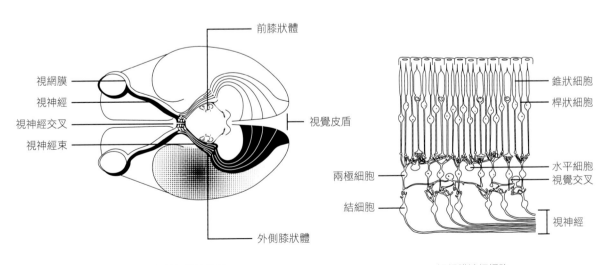

視神經傳訊路徑

視網膜神經網路

無彩色與彩色

色彩能分為無色調的「無彩色」（neutral color），也就是黑、白、灰色階之色彩，以及有色調的「有彩色」（chromatic color）。

無彩色又稱為「無色系統」，它們是色彩明暗度的要素，不具色相與彩度，在彩色印刷中，除了運用原色之外，還必須加入灰階，才能呈現圖像的明暗對比。

有彩色又稱為「有色的色彩」，即色環上列出的顏色。有彩色又可分為「純色」與「非純色」。顏色愈純，則愈鮮豔，將純色調入黑或白等無彩色，即為非純色。

冷色與暖色

色彩經由視覺傳達至人腦，會因不同人的性格、時間、文化、情緒等，反應出不同的感受。人類對色彩的感覺非常複雜且真實，也因此賦予了色彩許多性質。在這些性質當中，與生理感官最直接的色彩感受就是「冷」與「暖」。

「冷色系」亦可稱為「寒色系」，藍、靛、紫等色相屬之，波長較短。冷色系給人的感受是寒冷、收縮、漠然、憂鬱等。

「暖色系」指紅、橙、黃等色相，波長較長。予人溫暖、前進、興奮、擴張、膨脹，具有重量感。

無彩

有彩

無彩

色彩知覺

色彩的知覺屬性有三種，分別為「色彩」、「飽和度」和「明亮程度」，對應到色彩學中，就是：「色相」（hue）、「彩度」（chroma）和「明度」（brightness）。為了理解人眼辨識色彩的認知過程，必須先理解色彩的分類方式與原則。

色相

　　色相就是用以「區別色彩相貌」的名稱。不同的物體經過光線照射，除了會呈現不同的外形，更會呈現不同的色彩，這些不同的色彩相貌，就稱為「色相」。日常語彙中用到的「黃色」、「藍色」等，與色彩本身的強度和明亮程度皆無關，這是色彩種類的差別，就像是色彩的名字一樣，這就是「色相」。色相之所以不同，是基於光線波長的差異，若以波長的順序來排列成圓環狀，就能形成色相環。

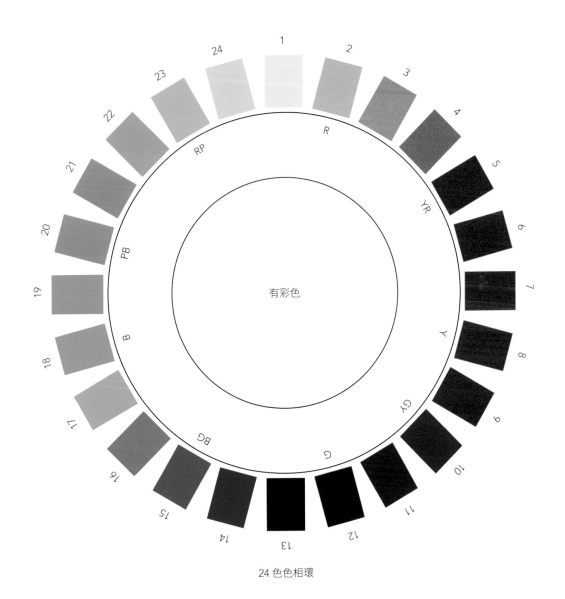

24 色色相環

彩度

彩度即是色彩的純度（purity）、飽和度（saturation）。當色彩中無黑或白的成分，我們就稱之為「純色」，純色含量愈高，彩度則愈高，反之則愈低。彩度通常分為 14 或 16 個階段，圖中 7/12 位置的色彩為純色，最右邊為「無彩色」（黑、白、灰）色階的明度表。位階愈高，明度愈高。

黑與白是無彩色，純色與黑、白混色後，則成為非純色；同一個色相之下，能有純色和非純色。一般而言，三原色的彩度最高，中間混合了黑或白的混合色，彩度較低。高彩度予人活潑的印象，低彩度則有沉穩的感覺。

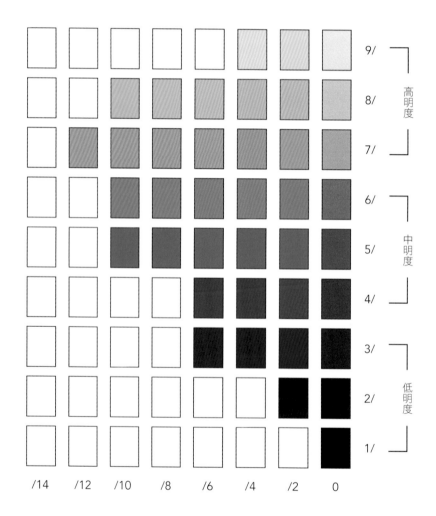

純色與非純色：任何純色，加了無彩色所構成的任何色彩，即為非純色，不過，色相不會因此改變，只有明度和彩度會改變。例如：「純紅 5%+ 白色 95%= 淡粉紅」；「純紅 95%+ 黑色 5%= 暗紅」。下圖中，色塊 V 為純色，P 則加入很高比例的白（W），而 DK 為 V 加入黑（BK）⋯⋯除了 V 之外，圖中其他的色塊皆為非純色。

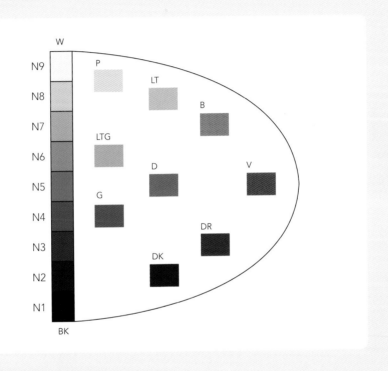

明度

　　明度就是色彩的明亮程度，明度的基礎是「黑」與「白」；純色與黑或白混合後所形成的色階，白色成分愈多則明度愈高，黑色成分愈多則明度愈低。明度通常會區分成 9 個階段，以 N 為編碼開頭，取自「Neutral」（歸零）之意。N1~N3 為低明度階段，N4~N6 為中明度階度，而 N7~N9 則為高明度階段。

　　除了黑、白、灰這些「無彩色」之外，其他純色或非純色亦可以有明度差異，例如紅色加上白色，則會成為明度較高的粉紅色，而加上黑色，則會成為明度較低的暗紅色。

色調：色彩的知覺除了「色相」、「彩度」、「明度」這三個屬性之外，可依明度及彩度將色彩歸類出「純色調」（純色的色調），「淺色調」（加入白色的色調），「濁色調」（加入灰色的色調），以及「暗色調」（加入黑色的色調）。同樣的色調家族會具有相同的特質，在配色時，色調是重要的參考要素。

色相／色調	2 紅	4 橙紅	6 橙	8 黃	10 黃綠	12 綠	14 青	16 翠藍	18 藍	20 紫藍	22 紫	24 紫紅	
V													純色調
B													
LT													
P													淺色調
LTG													
G													
D													濁色調
DP													
DK													暗色調

色彩的錯覺

人眼對色彩的錯覺，包括色相、明度與彩度三個面向。人眼有「同時性對比」（simultaneous contrast）的知覺反應，當有兩種相異的視覺刺激同時發生，會產生亮度、彩度、飽和度和尺寸等的錯覺，刺激愈大，效果愈大。

色相造成的錯覺

將相同明度的灰色方塊，分別放置於紅色和白色的背景中，因同時性對比的作用，在不同色彩背景中的兩個灰色方塊，產生了明度不同的錯覺。

彩度造成的錯覺

將紅色圓圈同時放在灰色與藍色背景上，由於背景彩度不同，在藍底上的半邊紅圈，比在灰底上的看起來更紅。

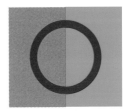

明度造成的錯覺

明度的錯覺經常出現在對比的現象上，尤其在「面」元素中。如右圖，所有的灰色小方塊都是相同的，分別襯在黑（a）、灰（b）和白（c）底上，相較之下，會覺得圖 a 的灰色方塊明度最高，圖 b 次之，而圖 c 的灰色方塊明度最低。

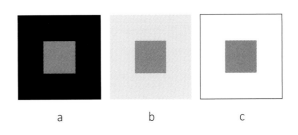

a　　　　　b　　　　　c

明度不同，也會造成物體膨脹或是收縮的錯覺，例如右圖中的左右兩邊是一樣大小的正方型，然而白色有擴大、而黑色有縮小的視覺特質，同時比較之下，黑色的方塊顯得較小。

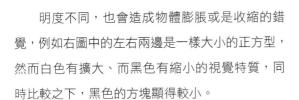

同化作用與彩度

　　「同化作用」與對比現象相反，是指背景色彩與其上所搭配色彩互相同化的現象，對彩度的認知影響甚大。物理學家威廉‧馮‧貝佐爾德（Wilhelm von Bezold）所提出的「色彩擴散效應」，即是彩度的同化作用所造成的。

　　在同樣的紅色背景上，壓有藍色線條的半邊，和壓有黃色線條的半邊相較之下，藍色線條的那半邊紅色，會有顏色較深的錯覺，而黃色線條那半邊的紅色飽和度看起來相對較低。

　　灰色背景上，壓有藍色線條與黃色線條，因同化作用的影響，黃色線條那半邊的灰底，看起來好像比藍色線條那半邊的灰底來得偏黃。

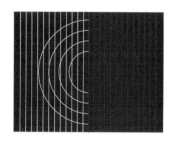

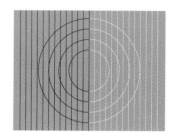

同化作用與明度

　　同化作用在明度上的影響，和「同時性對比」造成的現象，皆是由於視覺一旦受到某一種屬性的刺激，就會去趨同另一種刺激的屬性。在右圖的灰底上，壓有黑色線條的那半邊，看起來比壓有白色線條的那半邊來得深。

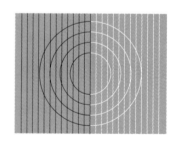

後像／殘像

　　「後像」（after-image），或作「殘像」（persistent image），是人類的一種生理現象。當眼前出現短暫刺激，又迅速移去刺激來源時，眼睛仍會有大約 1/4 秒的時間，看到移除的刺激物影像，即使轉動眼球，也仍然會看到。電影就是利用後像原理，使一連串靜態的畫面，串連成連續的動態。

互補與對比

　　「互補色」就是色環上面相對的兩個顏色。當人眼凝視一種顏色久了之後，移開眼睛時，會產生與剛才看的顏色的互補色殘像，這時若再去看下一個顏色，就會受到影響。例如下方左圖的英國國旗，若盯著它看一段時間，再把眼睛移到白底上，就會看見下方右圖的補色國旗殘像。

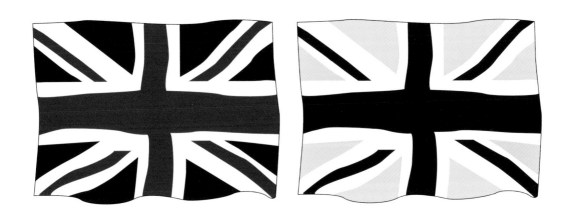

CHAPTER 07 皮膚與色彩

人的皮膚並不是白紙，不但具有天生的膚色，而且不會全然均勻；不同的膚色上，適用的色彩也都不一樣。因著人種的差異，膚色有深有淺，有冷有暖，再加上髮色、眼珠的顏色⋯⋯都是將色彩運用到人臉上時，需要考量的因素。

膚色分類

Color Key

美國美學專家杜爾（Robert Dorr）發現，人類的皮膚底色，可分為「藍色調」和「金黃色調」兩大類，是決定膚色屬性的關鍵，因此將皮膚底色稱作「color key」。

Color key Ⅰ＝略帶粉紅、紫紅的冷色調，底色為藍色基調的膚色。

Color key Ⅱ＝呈現橙黃色的暖色調，底色為金黃色基調的膚色。

BOX

Ameritone color key corporation 於 1974 年得到 color key 的授權，並銷售 color key 系統色票，最早運用在室內設計。後來，化妝品公司也慢慢以 color key 來製造更適合人臉皮膚冷暖色調的粉底，以及其他彩妝商品，協助消費者找到個人色彩。

冷　　　　　　　　　　　　　　　　　　　　　　　　暖

冷、暖色膚群

　　下表以冷、暖色膚群為底色，搭配上冷、暖色群，以此作為對照。我們可以觀察到，冷膚色和冷色系色群較為搭配，而暖膚色和暖色系色群較為搭配，反之，若是膚色和色群屬性不一，則視覺上較不協調。

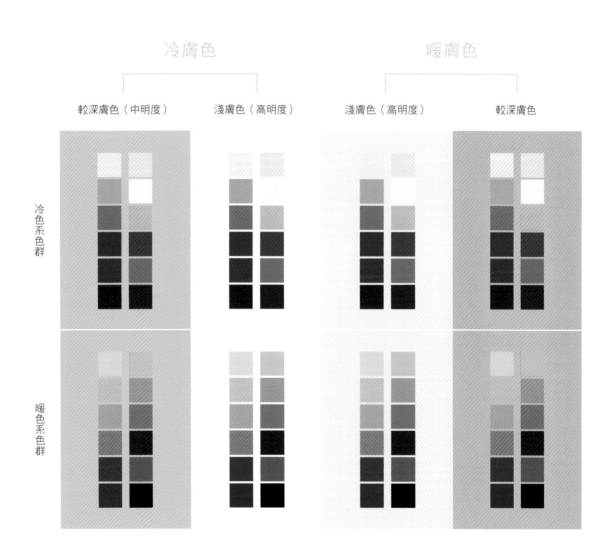

色彩亮度對比

　　膚色愈淺，愈容易表現色彩，若在較深膚色上，則要使用彩度和明度顯眼的色彩，才能夠在深色皮膚上顯色。下表加入無彩色的色階，可用以觀察色彩亮度對比，對色彩運用上的影響。

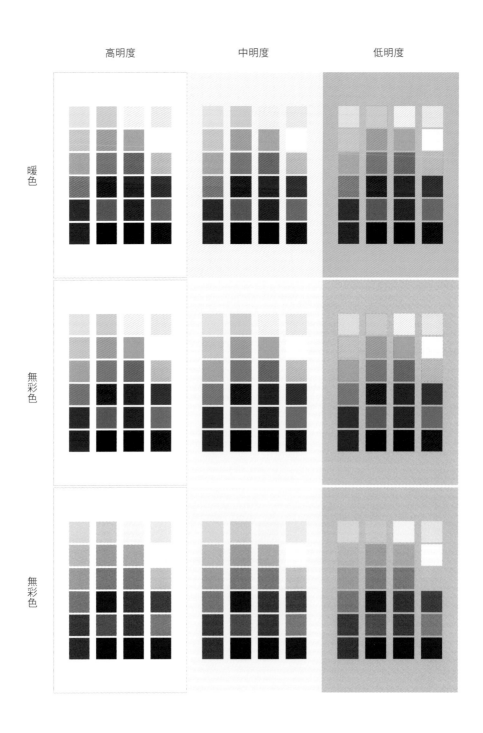

皮膚色調與彩妝色系搭配實例

以下以圖例實際說明，皮膚冷、暖色調以及不同明度，和彩妝色彩系列相互搭配的效果。

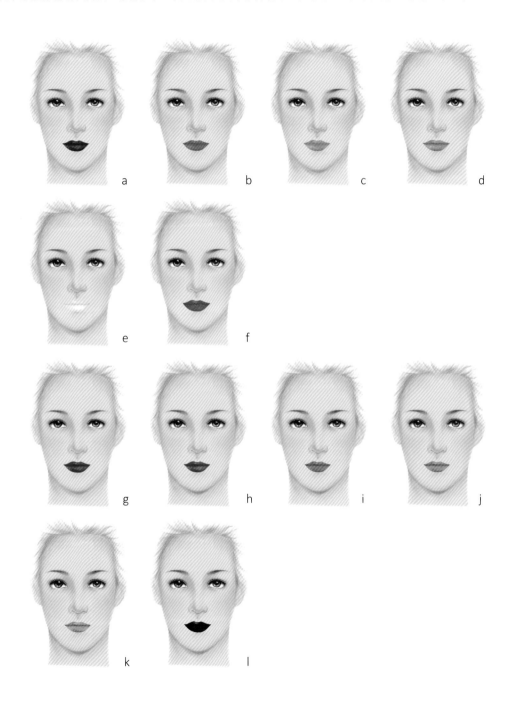

高明度冷膚色：冷色與冷色群較調和，膚色淺較易表達色彩。圖 a~f 使用的是冷色系脣彩；圖 g~l 使用的是暖色系脣彩。

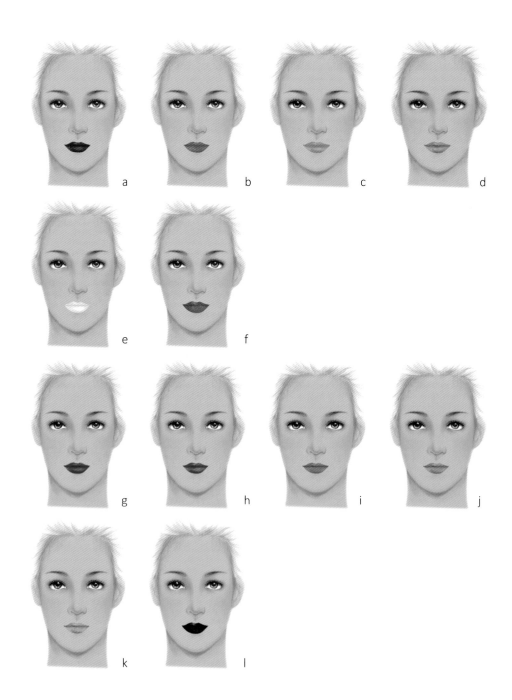

中明度冷膚色：冷色與冷色群較調和，膚色深時，必須採用彩度、明度差異大的色彩，才會使膚色明亮。如圖 a、g、h 在彩度、明度高的唇色之下，膚色就顯得較圖 d、j、k、f 來得亮。圖 a~f 使用的是冷色系唇彩；圖 g~l 使用的是暖色系唇彩。

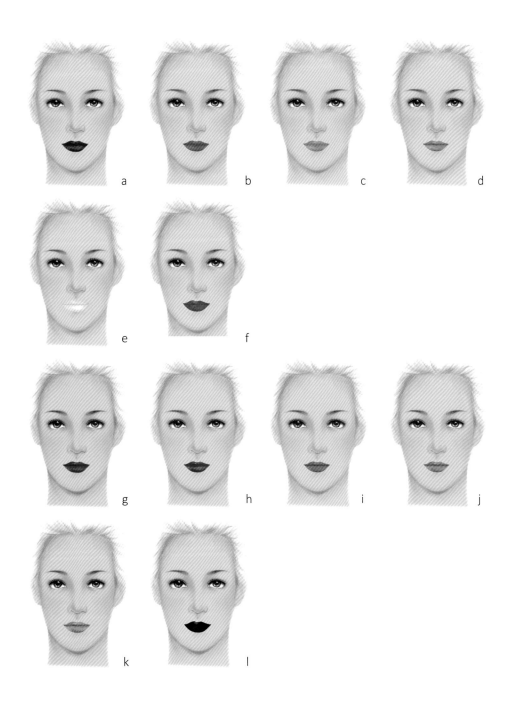

高明度暖膚色：暖色與暖色群較調和，膚色淺較易表達色彩，唯圖 e 的脣色過淺，然而與圖 f 相較，也顯得膚色更亮。圖 a~f 使用的是冷色系脣彩；圖 g~l 使用的是暖色系脣彩。

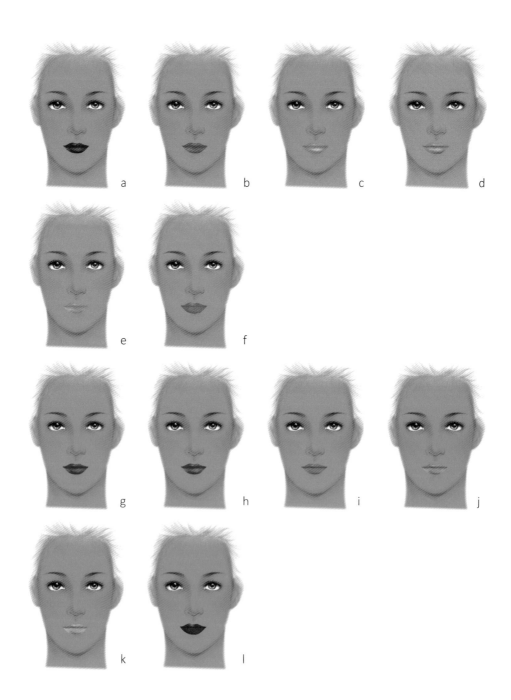

中明度暖膚色：暖色與暖色群較調和，膚色較深時，要避免明度、彩度與膚色過於相近的色彩，盡量拉大膚色與彩妝的色彩對比。圖 a~f 使用的是冷色系脣彩；圖 g~l 使用的是暖色系脣彩。

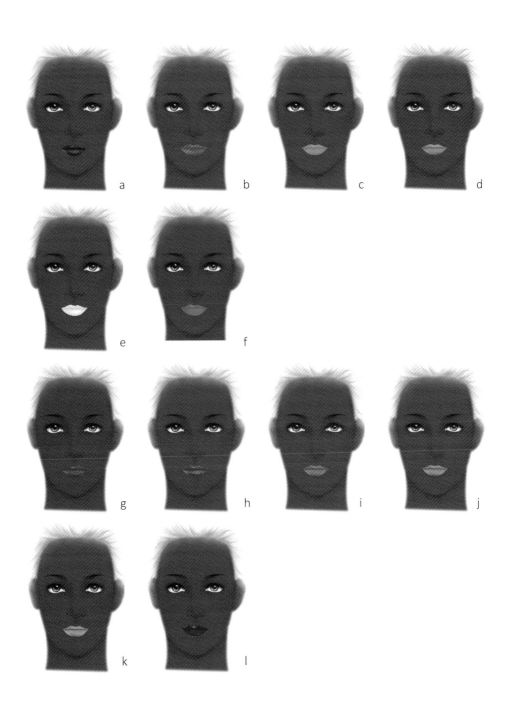

深色膚色：在深色的皮膚上，應使用高彩度、高明度的色彩，或是低明度的深黑，才最顯色。圖a~f使用的是冷色系脣彩；圖g~l使用的是暖色系脣彩。

綜合賞析

色彩運用

　　色彩經由視覺傳達到腦，帶著某種韻律，予人喜、怒、哀、樂等情緒反應。運用色彩的冷、暖調性，前進、後退等動感，還有興奮、冷靜等特質，以及強、弱；剛、柔；開朗或沉穩等，藝術家、造型師就能利用「色彩知覺」來創造出動人心弦的作品。

兩種眼妝，運用配色傳達出截然不同的訊息。圖 a 利用黑色製造神祕感，銀色有冰冷不可親近的感覺，搭配帶有警示意味的橘紅色，讓模特兒展現孤冷的距離。圖 b 則選用溫和的淺色調來搭配，完全沒有強烈或意圖使人興奮的色彩，模特兒顯得溫和可親。

彩度

　　「純色」的比例愈高，顏色的「彩度」就愈高，反之，則彩度愈低。圖 a 摻入許多比例的黑色，調配出「低明度」的色彩；圖 b 加入許多白色，調配出「高明度」的色彩；而圖 c 的色彩純度高，彩度也高，是三張唇彩作品中，最為飽和的。

a

b

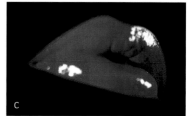
c

明度

　　每一種色彩都會因強或弱的光線，反射出明、暗變化，能區別出顏色的明、暗、深、淺，也就是色彩的明度。例如黃色被強烈光線照射時，色彩會變淺、明度高，但光線弱時，黃色即會變暗。圖a、b、c三張脣彩作品中，a的受光過強，顏色變淺，b的光線則太弱，顏色變深、明度降低；圖c接受的光量最正常，色彩呈現出最忠實的原貌。

冷、暖色

　　所謂色彩的冷、暖，指的是人類接收色彩資訊後，在知覺上產生的直接感受。紅色、橙色、黃色給人溫暖的感覺，而藍色、紫色讓人感覺寒冷。暖色一般而言，給人的感覺比較溫暖、活躍；而冷色會有安靜、深沉，思念的感覺。下圖兩個相同的模特兒，分別在紅色和紫色的背景前，紅色背景讓模特兒看起來溫暖熱情，而紫色背景則讓她看起來幽深、寧靜。

對比

　　在白紙上的黑字,看起來非常清楚,但黑字如果寫在灰紙上,就不是那麼一回事了。這就是對比的作用,明暗差距愈大的兩色,放在一起時愈容易分辨。人們普遍喜歡白淨的臉龐,因為任何色彩都容易顯色,而暗沉的臉上就比較難以表達色彩。

　　將對比運用在配色上時,要從彩度和明度上下齊手,兩個彩度、明度差異愈大的色彩,對比就愈高。

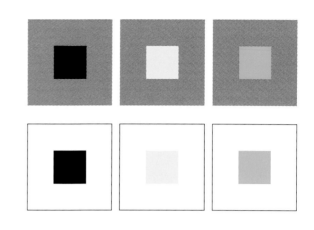

色調與立體感

　　現在我們知道，色彩能分類成「有彩色」與「無彩色」，無彩色能夠控制明暗，也就可以用來製造立體感。而有彩色之中，也能依「色相」、「明度」、「彩度」歸納出多樣層次，相互搭配交織出色彩的立體感。

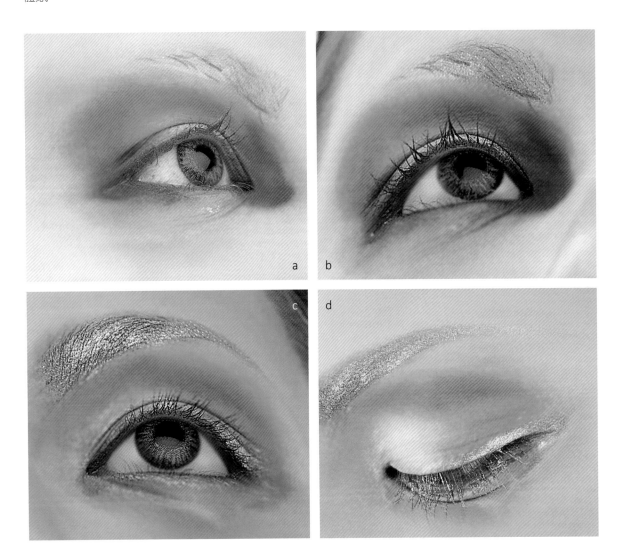

　　以整體配色而言，圖 a、b 是明朗的純色色調（較豔麗），圖 c、d 是非純色色調（較清淡），但這兩件作品，都利用色彩的層次來打造立體感，強調出眼部的亮面與暗面。

　　圖 a、b 利用高彩度的黃色，以及高明度的淺藍，在凸面創造前進的感覺，再用明度低的紫色強調凹陷處的暗影。又黃色與藍色是互補色，使畫面更具張力。互補色也常利用在校正膚色上，例如偏黃的皮膚，可用紫色來調整，皮膚偏紅時，則可以用綠色來改善。

综合应用

PART

CHAPTER 08 不同臉形的上妝對策

隨著時代、國家文化的不同，審美標準也不一樣。每一種臉形都有其獨特魅力，擁有能夠散發出性格之美的潛力。不過，當我們要透過妝容來美化、改變或修飾五官和臉部輪廓時，可以「橢圓形」為標準，測量眉、眼、鼻、脣與面頰之間的理想比例關係，並運用前面所學到的「點、線、面、體、色彩」觀念，利用視錯覺的原理，達到能在視覺上掌控長短、寬窄、大小、凹凸等技術，塑造出心目中的美。

臉形

「橢圓形」（oval shape）是世界公認的標準理想臉形，不過，在標準橢圓形臉當中，又會因顴骨高低、額頭或下巴的寬窄，而延伸出「長形臉」、「菱形臉」和「倒三角臉」。而臉部因著上、中、下部的比例不同，除了橢圓形臉家族，還能再分為「梯形臉」、「圓形臉」和「方形臉」。

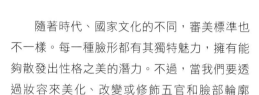

	標準橢圓形臉	長形臉	菱形臉	倒三角臉
上				
中				
下				

	梯形臉	圓形臉	方形臉
上			
中			
下			

各種臉形的上、中、下段相對比例

	長形臉	菱形臉	倒三角臉	梯形臉	圓形臉	方形臉
上段	長	窄	寬	窄	寬且圓	寬
中段	長	寬	標準	標準至寬	寬	標準至寬
下段	長	窄	窄	寬	寬且圓	寬
觀察重點	長形臉有可能是上、中、下段皆長，或是某一段特別長所構成的臉形。	中段凸出，上、下段相對窄小。	額寬，下巴尖。	額窄，下巴平寬。	臉形的長寬比相近且較圓。	臉形的長寬比相近且較方。

標準臉形的暖身練習

在進行到各別臉形的修飾方法之前，我們可以先以「標準橢圓」臉形來做為範例，說明如何透過上妝來改變臉部輪廓。

將標準橢圓臉形改造成菱形臉

菱形臉指的是額頭和下巴窄小，但面頰的顴骨凸出。如果要把標準橢圓臉改造成菱形臉，就要在額頭、下巴用低明度減少面積，然後調高顴骨明度使其有凸出的感覺。

明度降低縮減面積。

拉開距離，擴大面積。

水平直線的眉形有向外延展的錯覺。

橫向向下拉長削減外側面積。

上脣使用平直線條，加強上面積的寬度，下脣傾斜集中，引導外型傾斜。

低明度降低，縮減面積。

將標準橢圓臉形改造成倒三角臉

　　倒三角臉形是額頭平寬，而下巴窄小。要在標準橢圓臉上畫出倒三角臉的感覺，可在額頭上用高明度增加量感，並用低明度去縮減臉部下半部的面積。

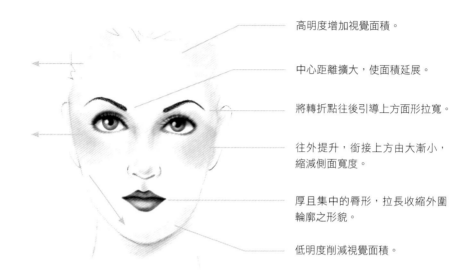

高明度增加視覺面積。

中心距離擴大，使面積延展。

將轉折點往後引導上方面形拉寬。

往外提升，銜接上方由大漸小，縮減側面寬度。

厚且集中的脣形，拉長收縮外圍輪廓之形貌。

低明度削減視覺面積。

將標準橢圓臉形改造成梯形臉

　　梯形臉的特徵，是臉短且上窄下寬，因此在標準橢圓臉上，只要利用明暗來縮窄額頭寬度，加大下巴的面積，就能在視覺上達到梯形臉的效果。

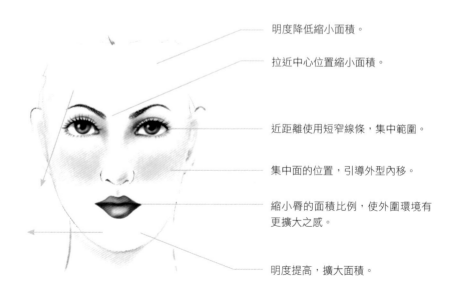

明度降低縮小面積。

拉近中心位置縮小面積。

近距離使用短窄線條，集中範圍。

集中面的位置，引導外型內移。

縮小脣的面積比例，使外圍環境有更擴大之感。

明度提高，擴大面積。

亞洲感的妝容原則

　　亞洲人的臉形特質是平寬且扁，要使妝容看起來符合亞洲人的印象，畫出黃種人的感覺，可以運用重複的橫向塊面與線條，強調出橫向張力，就能看起來平又寬。

歐美感的妝容原則

　　歐美人種的輪廓深，臉形通常也較長，要使妝容看起來有白種人的感覺，可利用直向或大斜度的線條來拉長臉形，以及明暗對比大的色彩搭配來增加立體感。

歐美感的妝容原則

亞洲感的妝容原則

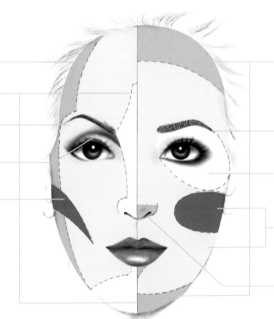

低明度削弱外型寬度面積。

中央與下巴點的明度提高，
拉長垂直視線與臉部體感。

斜線引導長度擴大臉部立體感。

以骨骼的輪廓強調
凹凸立體的明暗。

傾斜拉長暗面，提增形體
的長度與立體感。

額頭、下巴以低明度縮短長
度面積，使長寬比例接近，
寬度加大。

接近平直的線條，線視向外
（橫面）延展

眼部周圍提高明度並將面的
形狀橫向下降，增強寬的視
野印象

低明度橫向塊面，減少縱向
面積視覺長度，並壓縮其臉
長之距離，更加重面部平扁
感。

強調橫向形狀，縮減中軸長度。

使扁平的臉立體化

臉部扁平，對造型師而言最大的議題就是缺乏光影層次，明暗不明顯，看不出骨骼線條。而又因為缺乏光影對比，扁平的臉看起來會比實際更平更廣。改善的方法，要先研究其顏面骨骼的形貌，順著骨骼的凹凸加強明暗對比，增加層次感，並運用直向或大斜度的線條、三角形色塊來拉長臉形，最後混合明暗邊界，製造出自然的弧度。

使凹瘦的臉豐潤化

臉部脂肪量不足，顯得乾瘦，骨骼線條突出，面頰有明顯凹陷。這時，臉部的凹陷處陰影深濃，只需要將其明度調高，就能改善乾瘦的面容。

不同臉形與其修飾方法

　　在進行臉部美化時，要先觀察臉形（最外圍的輪廓），再往內分析五官與面頰的大小及相對關系、比例，才能進一步決定如何調整，以及上妝的程序與步驟。

長形臉

　　若以臉長為 1，標準橢圓形臉的寬約為 0.6，而長形臉指的是臉寬低於 0.5 的臉形，這時，我們就要加寬並縮短臉部的視覺比例。

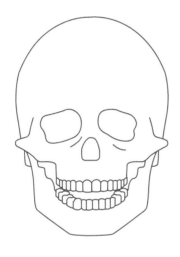 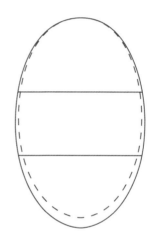

長形臉的上妝步驟

調整臉形輪廓

1. 沿額頭髮根線，以低明度色彩縮短上部的高度。

2. 將面頰分成 1:1 兩塊平直的橫向區域，分別以高、低兩種明度修飾，增加立體感、寬度且壓縮長度。

3. 利用低明度來減少下顎的長度，塑造立體且短的下巴。

調整臉部比例

4. 擴大臉部中心的橫向面積，不刻意製造立體感。只需要在眼頭處選用高明度的色彩，就能夠讓臉部中心的面積擴張、扁平，同時雙眼之間的距離會因此變寬，使鼻子長度縮短。

5. 將眉頭分開，用平直線條畫眉毛，引導視覺向外延展，加寬臉部面積。

6. 以平直的線條畫眼線，強調橫向、外擴的視覺，並將眼影的色彩置於眼部的尾端。

7. 以平直、略寬的線條畫上、下脣線，讓原本過長的下顎變得緩和。

彩妝點、線、面：長形臉的重點整理			
眉	眼	脣	頰
眉頭：稍微分開 眉型：較平緩的弧形 眉峰位置：靠近太陽穴	眼線：順著眼線畫出較平直的線條 眼影：將色彩置於眼部尾端	上脣線：脣峰分開，線條平緩 下脣線：柔和、較水平的線條	腮紅位置：從顴骨延伸到鼻梁外側

長形臉的妝容示範

菱形臉

菱形臉凸出的顴骨無法靠妝容修飾，窄小的額頭和下顎也很難調整。不過，菱形臉具有足夠的立體感，是一種削瘦的小面積臉形，上妝時，可降低中段面頰與窄小額頭、下巴之間的落差感，並增加整體面積。

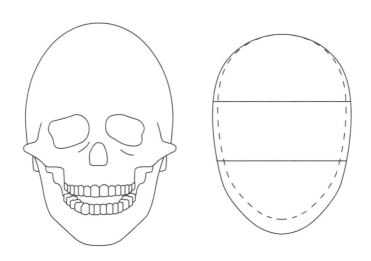

菱形臉的上妝步驟

調整臉形輪廓

1. 額頭到側頭骨的位置，用高明度將其擴大，增加視覺面積。

2. 又寬又高的面頰可利用低明度，修減凸出的感覺。

3. 下顎的部分和額頭同理，用高明度來增加面積。

調整臉部比例

4. 一般而言，除了鼻形、臉形特別扁平，否則菱形臉不太需要刻意利用光影來增加立體感。

5. 畫出平緩的眉型，不需要過長或過短。

6. 眼線及眼影也以平順的方式畫，並且把重點放在讓視覺往眼頭集中。

7. 上、下脣線用平、圓的線條處理，讓尖瘦的下巴和緩，把視線向左右拉寬。

彩妝點、線、面：菱形臉的重點整理			
眉	眼	脣	頰
眉頭：稍微分開 眉型：較平緩的弧形 眉峰位置：靠近太陽穴	眼線：順著眼線畫出平緩線條 眼影：集中於眼頭位置	上脣線：脣峰分開，線條平緩 下脣線：柔和、較水平的線條	腮紅位置：從顴骨延伸到鼻梁外側

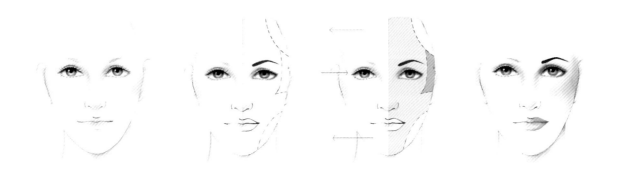

菱形臉的妝容示範

倒三角臉

當我們觀察倒三角臉形，可以發現臉的上部和下部比例落差很大，額頭和側頭骨過寬，使得顴骨不明顯，因此臉部上 2/3 段的立體感不夠。而下顎窄小，整體而言不協調。這時，就要調整臉形上、下的協調性，並把妝容著重在增加上部的立體感和下巴的豐圓感。

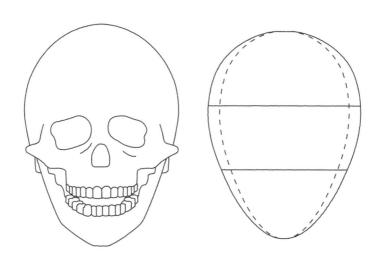

倒三角臉的彩妝步驟

調整臉形輪廓

1. 運用高、低明度色彩，修飾面積過大的髮根至眉。沿著側頭骨降低上部側邊的明度，使其在視覺上縮小。

2. 強調面頰的立體感，且運用向上的線條，把臉形拉長且改變形狀。

3. 在下顎打造平緩的面積，把臉下部拉寬、塑造豐圓的視覺效果。

調整臉部比例

4. 利用高、低明度色彩，把視覺集中到臉部中心，方法是拉近兩眼距離，塑造鼻子立體感，使臉的上半部看起來集中且深邃。

5. 畫出向鼻梁集中，並向上提高的傾斜眉型，眉峰角度大，加強上半部臉形的集中、立體效果。

6. 同樣應用能夠拉長臉形、集中視覺的傾斜線條與色塊，畫眼線和眼影。

7. 平緩、飽滿的弧形脣線，能減緩下巴尖銳、窄小的感覺，加寬下部臉形的面積。

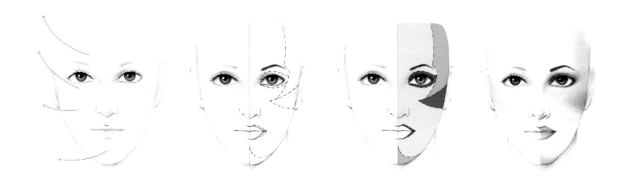

彩妝點、線、面：倒三角臉的重點整理			
眉	眼	脣	頰
眉頭：一般距離 眉型：較大的弧形 眉峰位置：提高	眼線：向上提的線條 眼影：畫出上傾斜的色塊	上脣線：一般 下脣線：平緩、拉寬的弧線	腮紅的位置：顴骨上

倒三角臉的妝容示範

梯形臉

　　下顎比例厚重，使得額頭顯得短窄，梯形臉也是上、下不勻稱的臉形。修飾梯形臉時，可著重於調整上、下部比例關系，以及柔化下顎剛硬線條。

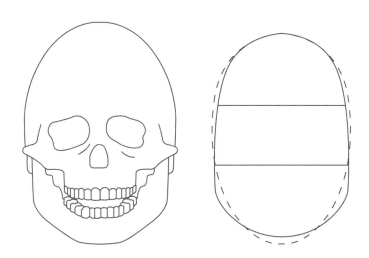

梯形臉的上妝步驟

調整臉形輪廓

1. 提高臉部兩側的明度，擴大側頭骨的視覺面積，拉近臉的上、下部比例。

2. 將太陽穴的高明度延伸到顴骨上方，再以傾斜角度的色塊在雙頰上添加低明度色彩，拉長臉形。

3. 以低明度色彩，降低下顎的視覺面積，讓整張臉的上、下比例更均勻。

調整臉部比例

4. 將兩眼距離拉開，如此可以進一步加大臉上半部的面積。

5. 將眉頭的定位點往外畫一點，連帶眉峰的位置和眉尾都外移，增加額部面積。選擇小斜度、較圓弧的眉型，能提高額的高度，並讓臉形看起來比較輕盈。

6. 畫眼線、眼影時強調眼尾，避免讓兩眼看起來集中。

7. 上、下脣皆選擇較集中的弧形，減少下顎的寬闊感。

彩妝點、線、面：梯形臉的重點整理			
眉	眼	脣	頰
眉頭：一般距離 眉型：稍微上揚或是水平 眉峰位置：靠近太陽穴	眼線：向上提的線條，強調眼尾 眼影：集中於眼尾位置	上脣線：一般，但讓嘴角弧度上揚 下脣線：接續上脣線脣角上揚弧線，下脣弧度向中間集中且有點內彎	腮紅的位置：從顴骨向上延伸至太陽穴

菱形臉的妝容示範

圓形臉

　　圓形臉指的是臉部的長寬比例很接近，整體而言是較短且寬平的臉形。所以，首先要把長寬比的視覺拉大，塑造立體感，讓五官集中，並且塑造出較窄的輪廓線。

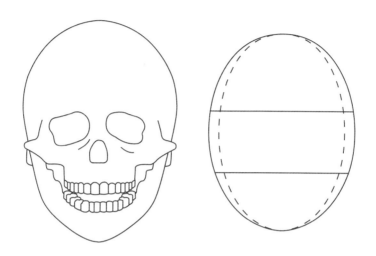

圓形臉的上妝步驟

調整臉形輪廓

1. 用較膚色低的明度色彩，修飾臉部兩側，側頭骨的位置，使額頭的寬度縮小。

2. 以傾斜色塊，在頰上畫出新的凹陷，降低顴骨位置，將面頰分為兩個區域，製造出拉長的效果。

3. 下顎的兩側，同樣採較低明度，收縮面積，並漸次融入步驟 2 的色彩中。接著，在下顎中央提高明度，增加臉部底端的量感，使臉的下半部變長。

調整臉部比例

4. 從額頭中心，髮際位置，集中打亮至鼻端，製造明顯的立體感，並在眼角和鼻梁間添加陰影來加強，接著提亮雙眉之間連接鼻梁的三角形區域。

5. 以斜度大的線條來畫眼線、眉線及脣線，營造整張臉拉長、立體的感覺，且採用較硬直的形狀處理轉折處，提升圓臉的銳利度。

彩妝點、線、面：圓形臉的重點整理			
眉	眼	脣	頰
眉頭：靠近鼻梁 眉型：上揚、弧度較大 　　　的線條 眉峰位置：集中	眼線：順著眼線並向上 　　　揚	上脣線：脣鋒集中，圓 　　　　弧線條 下脣線：集中的弧形	腮紅的位置：提高且向 　　　　　下拉長

圓形臉的妝容示範

方形臉

和圓形臉一樣長寬比偏低，加上臉側、下顎方直，顯得短且沉重。所以我們要把臉形拉長、提高，把立體感集中，並打散塊狀的感覺。

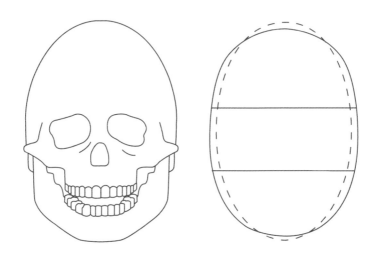

方形臉的上妝步驟

調整臉形輪廓

1. 利用低明度色彩，把額頭的寬度縮小。

2. 同樣利用低明度色彩，縮小臉頰面積且把位置降低，並加上斜度大的暗色塊把臉形拉長。

3. 用大面積的低明度色彩，修飾下顎，使臉部的上、中、下段整體變窄。

調整臉部比例

4. 為改善平扁的感覺，臉上所有的線條都採大斜度，增加張力並向中間集中，拉長。這些線條將透過群化關係，改變臉形。

5. 眉頭畫低，但以大角度向上提，眉峰高聳，能讓額頭看起來變高。

6. 提高眼線的尾端，眼線和眼影加強集中眼頭位置，讓臉的中心變立體。

7. 脣形集中，能夠拉長下顎。

彩妝點、線、面：方形臉的重點整理			
眉	眼	脣	頰
眉頭：靠近鼻梁 眉型：上揚、大角度的線條 眉峰位置：靠近眼睛的一半位置	眼線：順著眼線並向上揚	上脣線：圓弧線條 下脣線：集中的弧形	腮紅的位置：從顴骨向上延伸至太陽穴

方形臉的妝容示範

臉部配飾：睫毛與眼鏡

打造妝容時，眼部是許多人會給予關注的要角。尤其是在需要經常配戴口罩的狀況之下，除了化妝，睫毛和眼鏡會直接影響眼部美感和個人風格印象。接下來將概述不同眼形，與其適合的睫毛形式以及眼鏡選擇方式。

眼睛的形狀

眼睛的形狀各有不同，大致上可分為「上揚」、「水平」和「下垂」。另外，在選擇睫毛和眼鏡時，除了要考慮臉形和眼形，「眼距」也是必須觀察的要素。可利用睫毛與鏡框的集中、外展、上提、下降來矯正、修飾先天的眼睛形狀與位置。

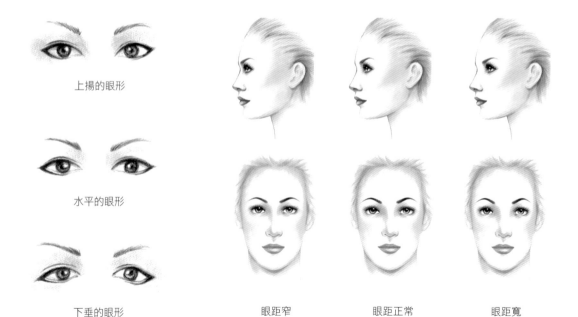

上揚的眼形

水平的眼形

下垂的眼形

眼距窄　　　　　眼距正常　　　　　眼距寬

睫毛

　　睫毛是讓眼睛靈動的重要因素，睫毛的形狀、粗細、捲翹度皆可影響或修飾眼睛的形狀及線條，並增加立體度。睫毛在眼部產生的陰影，也能間接傳遞人的神韻，因此睫毛的長度可以改變眼睛大小、擴大眼睛之範圍並增加眼睛的集中感，或延長拉開眼部線條。

睫毛的捲度

　　睫毛的方向大致上可分為「下垂」（a圖）、「水平」（b圖）和「上捲」（c圖），愈往上的睫毛，就愈能讓光線照亮眼部，看起來較明亮有精神，眼睛深邃；反之，下垂如雨傘的睫毛會在眼球產生陰影，使眼神暗沉。

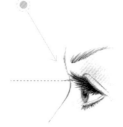

a. 睫毛下垂，造成眼部眼部的一半的陰影。

b. 睫毛水平，對於光線的折射量較多，對眼部造成的陰影比a少。

c. 睫毛上捲，光線完全打亮眼部。

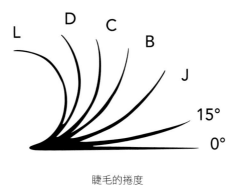

睫毛的捲度

睫毛的角度

睫毛可以分為：頭、中、尾；角度能向外開展，或是向內集中。當睫毛的角度向外開展，可以延展眼部線條，或增加雙眼的範圍；向內集中的睫毛則能拉近雙眼距離。

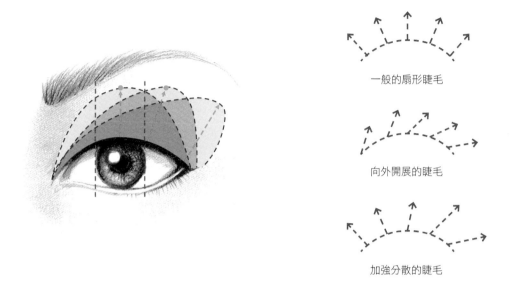

一般的扇形睫毛

向外開展的睫毛

加強分散的睫毛

利用睫毛改變眼睛形狀

鼻梁／眼距窄者，可使用加強尾端向外開展形式的睫毛，來拉開雙眼之間的距離。圓形眼若要修飾眼形，需避免使用長度一致的娃娃感睫毛，而是使用尾段較長的睫毛來調整，讓眼睛形狀變修長。若是偏長形的眼睛，則可以選擇中段較長、較立體的睫毛，以睫毛的線條與向外擴展的造型，修飾眼形，闊大眼睛的上下。

利用睫毛來改變眼睛形狀的範例。

睫毛可以改變眼神，不過，在選擇假睫毛時，切記不要運用太粗或太多根、過重的睫毛。過度追求特殊效果，很有可能無法提升修飾或增加美感，反而矯枉過正，導致結果不如期待。

眼鏡

臉形是我們選擇鏡框的主要依據，除了臉形，在選擇眼鏡時，請將臉部分成幾區來觀察：額頭區（ab）、眼耳鼻區（bc）、嘴與下巴（cd），以及眼距（ef）。眼鏡的理想範圍應落在眼耳鼻區，且不要完全遮蓋住眉毛為佳。以下將分項說明。

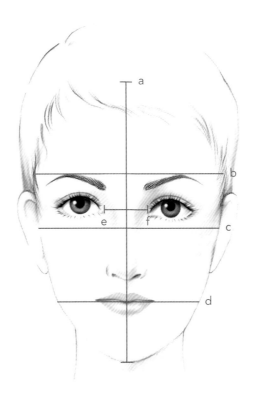

各種臉形適合的鏡框

臉形	一般鏡框	太陽眼鏡
標準橢圓形臉	標準橢圓形臉，只要眼睛也大致上符合標準比例，各種形狀、類型的鏡框都可以駕馭得很好。如想要輕柔的感覺，可以選擇圓形的鏡框；而方形的鏡框則會予人嚴肅與謹慎的印象。 **太陽眼鏡：**大部分的樣式都適合。		
長形臉	長形臉可以表現得很有個性，不妨嘗試風格大膽的大鏡框；只要不是太突兀或不得體，橫向的寬大鏡框都很適合。 **太陽眼鏡：**可嘗試較大的深色、黑色系方框。		
倒三角臉	額頭寬廣而下巴較小的倒三角臉，選擇鏡框最好勿將太陽穴露出太多，鏡框下緣形狀也可以橢圓或外開的造型，豐圓下巴平衡額頭寬闊的比例。 **太陽眼鏡：**可選擇偏上寬下窄的圓形或橢圓形、較細的鏡框。		

臉形	一般鏡框	太陽眼鏡

梯形臉

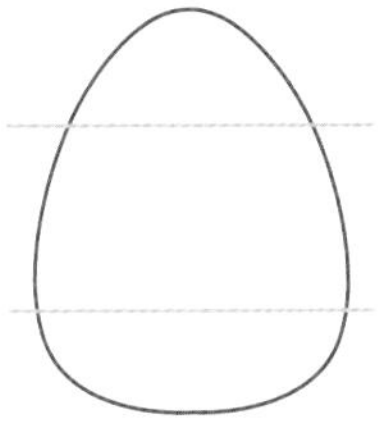

方形臉

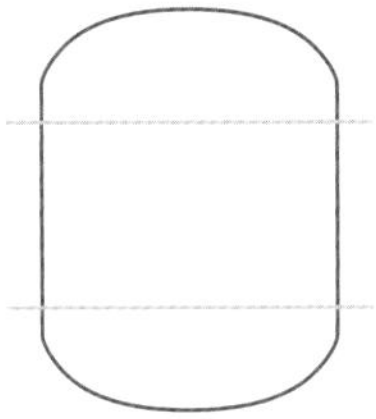

若下巴較寬廣、平直，挑具有圓弧下緣的鏡框，能夠柔化臉部的方鋼。

太陽眼鏡：適合上寬下窄的圓形或橢圓形、深色或黑色系鏡框。

圓形臉

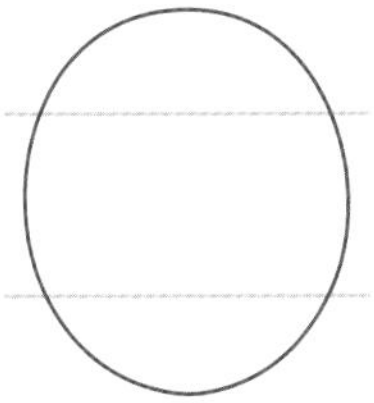

選擇有菱有角的正方形或長方形鏡框，可調整過圓的臉形。

太陽眼鏡：正方形或長方形的深色、黑色系鏡框為佳。

其他選鏡重點

除了臉形之外，其他彰顯個人特徵的臉部視覺要素如眉、眼、鼻，其形態、比例也是選鏡的要點。鏡腳和鼻墊的穩定程度很重要，一般而言，應避免讓眼鏡的下緣緊貼面頰。因為，人們普遍期待能看到真實的臉部特徵，若被鏡框限制了面頰肌肉活動，臉部表情會顯得僵硬，讓人產生距離感。尤其是如果工作性質需要與人交流，眼鏡造型太特殊、戲劇化，影響了自然情緒表達，較難營造合適形象。

眉

眉毛是臉部中非常重要的線條，無論是粗、短、寬、厚、細、長……任何形態的眉毛都是彰顯個人的特質，也是傳達人個性的重要部分。所以在佩戴眼鏡時，建議將眉毛顯露出來，而不是將其遮蔽，隱藏個人特徵。

鼻

鼻子的長短，位置高低，也是挑選眼鏡時要注意的地方。鼻子偏長，可以選擇鼻墊比較低、眼色較深的鏡架，將視覺集中，縮短鼻子的長度；而短鼻子則可選擇高鼻墊的眼鏡，來增加鼻子的立體度。

眼

眼睛大的人，較適合大的鏡框與鏡片；小眼的人則更適合於小鏡片之鏡框。若鏡框與眼睛的大小比例差距過大，會造成不協調的感覺。眼睛小的人，配戴小框眼鏡，會讓眼睛明亮；而大眼睛配大框，才能讓眼部造型清楚、有神。

兩眼之間的距離較大，或是鼻梁造型較寬而平坦，適合選擇深色的鏡框，能將雙眼的距離拉近、集中。兩眼距離比較近的人，可以考慮淺色的鏡框，因為淺而明亮的色彩，能在兩眼之間製造視覺上的展開感。

BOX

如果是以個人特殊造型為由，選擇鏡框來創造風格、突顯個性，那麼選擇的方法就可以不受以上限制。

作品賞析

人的視線會先集中在畫面裡
的「點」，例如眼睛或嘴脣。

「線」具有位置和長度，能引導視覺往其延伸的方向看。

「面」是構成體與空間的基礎，比點和線更能表現情感。

人對「色彩」的情感反應直接且真實，冷色系較沉隱、收縮，暖色系則有膨脹、前進之感。明度高看起來會凸出，明度低則會凹陷。

參考書目

《光‧設計》Richard Yot 著，積木文化

《藝用解剖全書》Sarah Simblet 著，積木文化

《設計幾何學》Kimberly Elam 著，積木文化

《觀看的方式》John Berger 著，麥田出版

《觀看的視界》John Berger 著，麥田出版

《點、線、面》Wassily Kandinsky 著，華滋出版

《觀、念、攝影──影像的視心理剖析》蔣戴榮著，田園城市

《創音思境：視傳設計概論與方法》楊裕富著，田園城市

《造型、設計、藝術》林崇宏，田園城市

《美術設計的點、線、面》馬場雄二著，大陸書店

《藝術、設計的平面構成》朝倉直己著，北星圖書

《色彩設計計畫》朱介英著，美工圖書社

《服裝設計學》小池干枝著，美工圖書社

Devenez une pro du maquillage，Stefano Anselmo 著，
Les Nouvelles esthétiques 出版

Le maquillage artistiqu， Delamar P. 著，
Vigot 出版

Encyclopédie de la beauté，Mireille Vernhes 著，
Editions de la Beauté 出版

臉部視覺美學與彩妝造型

巴黎時尚伸展臺造型名師教你運用繪畫原理，從點線面解讀各種臉孔與五官，
奠定紮實多變的彩妝造型技藝

作　　者	鍾馨鑫（Isabelle）
模 特 兒	黃怡婷、翁千禾
總 編 輯	王秀婷
責任編輯	李　華
發 行 人	涂玉雲
出　　版	積木文化

104台北市民生東路二段141號5樓
電話：(02)2500-7696｜傳真：(02)2500-1953
官方部落格：www.cubepress.com.tw
讀者服務信箱：service_cube@hmg.com.tw

發　　行　英屬蓋曼群島商家庭傳媒股份有限公司城邦分公司
台北市民生東路二段141號2樓
讀者服務專線：(02)25007718-9｜24小時傳真專線：(02)25001990-1
服務時間：週一至週五09:30-12:00、13:30-17:00
郵撥：19863813｜戶名：書虫股份有限公司
網站：城邦讀書花園｜網址：www.cite.com.tw

香港發行所　城邦（香港）出版集團有限公司
香港灣仔駱克道193號東超商業中心1樓
電話：+852-25086231｜傳真：+852-25789337
電子信箱：hkcite@biznetvigator.com

馬新發行所　城邦（馬新）出版集團 Cite（M） Sdn Bhd
41, Jalan Radin Anum, Bandar Baru Sri Petaling, 57000 Kuala Lumpur, Malaysia.
電話：(603)90578822｜傳真：(603)90576622
電子信箱：cite@cite.com.my

封面設計、內頁排版　張倚禎
製版印刷　上晴彩色印刷製版有限公司

城邦讀書花園
www.cite.com.tw

2023年 5月30日　初版一刷
售　價／NT$ 750
ISBN　978-986-459-501-3

【電子版】
2023年 6月
ISBN 978-986-459-503-7（EPUB）

臉部視覺美學與彩妝造型：巴黎時尚伸展臺造型名師
教你運用繪畫原理,從點線面解讀各種臉孔與五官,奠
定紮實多變的彩妝造型技藝 = Face optical esthetics
style/鍾馨鑫Isabelle作. -- 初版. -- 臺北市：積木文化出
版：英屬蓋曼群島商家庭傳媒股份有限公司城邦分公
司發行, 2023.05　面；　公分
ISBN 978-986-459-501-3(平裝)
1.CST: 化粧術
425.4　　　　　　　　　　　112006661